Ikebana

生花

Ikebana

Mit Diagrammen aller Grundstile und Variationen

Erika Schwalm

FALKEN

INHALT

VARIATIONEN 42

ANHANG 102

IKEBANA UND SOGETSU

In diesem einführenden Kapitel finden Sie interessante Informationen darüber, was Ikebana ist und wo seine Ursprünge liegen. Außerdem möchte ich Ihnen die Sogetsu-Schule, nach deren Regeln in diesem Buch gearbeitet wird, ihre geschichtliche Entwicklung sowie ihre heutige Bedeutung und Struktur vorstellen.

生花

Ikebana

Ikebana

Ikebana (jap.: lebendige Blume) ist die japanische Kunst, Pflanzen in Gefäßen zu arrangieren, die von der Liebe zur Gestaltung, zu Form und Farbe getragen wird. Wie die Blumen, Blätter und Zweige jeweils in eine Schale gesteckt oder in eine Vase gestellt werden, ist genau festgelegt. Über ihre rein ästhetische Ausdruckskraft hinaus haben die in einem solchen Arrangement verwendeten Pflanzen einen symbolischen Charakter mit einer naturphilosophischen Bedeutung, für den die Anordnung der Blumen und der Zweige zueinander grundlegend ist.

Vom Blumenopfer zur Kunstform

Man vermutet, daß das Ikebana seinen Ursprung in buddhistischen Opferriten hatte, bei denen die Altäre der Tempel und Götterstandbilder mit Blumen geschmückt wurden. Mit der Verbreitung des Buddhismus gelangte dieser Brauch von Indien über China und Korea bis nach Japan, wo er sich zu einer eigenständigen Kunstform entwickelte und dort im 15. Jahrhundert einen ersten kulturgeschichtlichen Höhepunkt erreichte. In dieser Zeit wurden die ältesten bekannten Stilregeln für das Arrangieren von Pflanzen festgelegt, die des **Rikka** (jap.: prachtvoll). Gläubige Buddhisten gestalteten nach diesen Regeln bis zu zwei Meter große Gebilde aus Blumen, Blättern und aus Zweigen, die in den Tempeln arrangiert und aufgebaut wurden.

Im 16. Jahrhundert findet Ikebana Eingang in höfische japanische Kreise. Da ein Arrangement im Stil des Rikka für die hier zur Verfügung stehenden Räumlichkeiten zum einen zu groß, zum anderen zu aufwendig war, begann man kleinere mit wenigen Blumen und Zweigen zu gestalten. So entwickelte sich die Stilform des **Chabana**, bei der ganz bewußt mit auf das Wesentliche reduzierten Materialien gearbeitet wurde. Für das Chabana-Arrangement, das der kontemplativen Anschauung und Meditation während der täglichen Teezeremonie diente, wurde in den Teehäusern eine eigene Wandnische geschaffen, das Tokonoma.

Blick in einen alten japanischen Tempel, in dessen Mitte eine von Jüngern umgebene Statue des Buddha, des „Erleuchteten", auf einem Thron sitzt. Ein Heiligenschein umgibt seinen Kopf, und in der rechten Hand hält er eine Lotusblume, das buddhistische Symbol für die entstehende Erde. Vor ihm und jeweils zu beiden Seiten schmücken große Blumenarrangements die Szene.

Auch in bürgerlichen Kreisen wurde das Ikebana immer beliebter – es entwickelte sich zu einer eigenständigen Stilform, dem **Seika**. Kennzeichnend ist hier die Beschränkung der Gestaltung auf drei durch Pflanzen dargestellte Hauptlinien, die die Trinität von Himmel, Mensch und Erde symbolisierten.

Wie jede Kunst ist auch das Ikebana als Ausdruck des Zeitgeistes dem Wandel der Stile unterworfen. Heute gibt es etwa zehn berühmte und rund 3000 namhafte bekannte Ikebana-Schulen in Japan. Drei sehr bekannte wollen wir Ihnen hier nennen, deren Gestaltungsmethoden richtungsweisend sind: die Ikenobo-Schule, deren Anfänge bis zu den Ursprüngen des Ikebana selbst zurückgehen, die Ohara-Schule, die um 1900 gegründet wurde und sich auf die Lehren des Bildhauers Unshin Ohara beruft, sowie die Sogetsu-Schule, durch die Ikebana weltweit bekannt geworden ist und nach deren Methoden in diesem Buch gearbeitet wird.

草
月

Sogetsu

Die Sogetsu-Schule

Wenn man heute von modernem Ikebana spricht, meint man damit in erster Linie die Form des Ikebana, die von der Sogetsu-Schule in Tokio unterrichtet und durch sie weltweit bekannt wurde.
Dies ist in erster Linie dem **Sofu Teshigahara** (1900–1979) zu verdanken. Er erhielt schon in frühester Kindheit von seinem Vater, der selbst Ikebana-Lehrer war, Unterricht in der Kunst des Blumenarrangierens. Zunächst noch Bildhauer und Kalligraph wurde Teshigahara schon bald der bedeutendste Ikebana-Meister dieses Jahrhunderts.
Die **Sogetsu-Schule** wurde von ihm im Jahre 1927 in Tokio gegründet, der er bis zu seinem Tode als **erster Iemoto** (jap.: Lehrmeister, Führer) vorstand.

Der Kampf mit den Samurai

Die Herkunft des Namens Sogetsu führt zurück in das alte Japan Mitte des 14. Jahrhunderts, eine Zeit, die durch heftige Kämpfe zwischen dem japanischen Kaiser Go-Daigo und seinem Hofadel auf der einen sowie dem Militäradel mit dem Shogun, dem Reichsfeldherrn, und seinen Lehnsleuten, den Samurai, auf der anderen Seite geprägt war.
Den mächtigsten der rebellischen Samurai-Führer gelang es, Kaiser Go-Daigo von seinem Thron zu stürzen und ein anderes Mitglied der kaiserlichen Familie als Regenten einzusetzen. Dem abgesetzten Kaiser glückte jedoch die Flucht vor seinen Feinden. Er rief eine Gegenregierung zusammen. Im Verlauf der Auseinandersetzungen diente ein Ahne Sofu Teshigaharas als Vermittler zwischen beiden Parteien. Dabei war er so erfolgreich, daß Go-Daigo ihm den Titel eines Botschafters verlieh und ihn reich beschenkte: mit einem buddhistischen Bildnis, einem Banner und einem kaiserlichen Gedicht, einem 31-silbigen Tanka. In diesem wurden unter anderem die Worte „Gras und Mond“, auf japanisch „Sogetsu“, erwähnt, nach denen Sofu Teshigahara dann später seiner Schule ihren Namen gab: **die Gras- und Mondschule**.

Als Samurai (jap.: Dienender) wurden im alten Japan ursprünglich das bewaffnete Begleitpersonal des Adels, später die Angehörigen des Kriegerstandes und ritterliche Vasallen der Lehnsfürsten sowie ab dem 17. Jahrhundert die oberste Gesellschaftsklasse bezeichnet. Die Samurai lebten nach einem strengen Ehrenkodex. Die Abbildung rechts zeigt Minamoto No Yoshitsune, den Idealritter des japanischen Mittelalters (Farbholzschnitt von Koriusai).

現代芸術

Moderne Kunst

Der Bruch mit der Tradition

Sofu Teshigaharas wesentlichster Verdienst für das Ikebana ist, daß er mit den überlieferten Stilregeln brach. Die Kunst des Blumenarrangierens sollte nicht mehr nur ein traditioneller Brauch und religiöser Ritus, sondern ein freier kreativer Schaffensprozeß sein, bei dem der Gestaltende seinem Werk auf der Grundlage zeitgemäßer und leicht verständlicher Regeln einen individuellen Ausdruck gibt. Sofu Teshigahara schrieb ein systematisch aufgebautes Lehrbuch, mit dessen Hilfe jedermann an jedem Ort mit jedem zur Verfügung stehenden Material ein Ikebana-Arrangement gestalten konnte. Dieser Gedanke machte es zum Beispiel auch später möglich, daß nicht florale Materialien wie Draht, Glas, Stein, Stahl, Papier und Holz in die Komposition miteinbezogen werden konnten.

Sofu Teshigahara erlangte als Künstler internationale Anerkennung, und seine Werke wurden zum Beispiel in Paris, Berlin, New York und Moskau ausgestellt. Er unterhielt freundschaftliche Kontakte zu anderen Künstlern der klassischen Moderne, wie etwa zu den beiden surrealistischen spanischen Malern Salvador Dali und Joan Miró. Letztgenannter besuchte 1966 die Sogetsu-Schule in Tokio.

Die nachfolgenden Generationen

Nach dem Tode Teshigaharas 1979 übernahm dessen Tochter **Kasumi** (1932–1980) als **Iemoto der zweiten Generation** die Leitung der Schule. Unheilbar erkrankt, verstarb sie jedoch kurz darauf. Ihr ältester Bruder, **Hiroshi Teshigahara**, der im Jahr 1927, dem Gründungsjahr der Sogetsu-Schule, zur Welt kam, übernahm deren Leitung als **dritter Iemoto** 1980. Nach seiner Ausbildung als Bildender Künstler begann Hiroshi Teshigahara seine Laufbahn als Filmregisseur, neben der er auch als Keramiker künstlerische Bedeutung erlangte. 1984 schrieb er ein Ikebana-Lehrbuch, das auf den bisher gültigen Regeln aufbaut und neue gestalterische Impulse aufgreift. Hiroshi Teshigaharas Tochter **Akane**, geboren 1960, wurde 1989 die **Vizepräsidentin der Sogetsu-Schule**.

Unterricht in aller Welt

Die **Sogetsu-Schule** umfaßt heute über 1 Million Ikebana-Schüler und rund 56 000 qualifizierte Ikebana-Lehrer und -Lehrerinnen in aller Welt, und überall gibt es zahlreiche vom Mutterhaus in Tokio anerkannte Zweigstellen der Schule. Vom japanischen Haupthaus aus werden außerdem jedes Jahr Ikebana-Meister in andere Länder geschickt, um die Kunst des Blumenarrangierens dort noch bekannter zu machen.

Die Sogetsu-Schule unterrichtet das Arrangieren von Pflanzen in Schalen, **Moribana**, und in Vasen, **Nageire**, im sogenannten natürlichen, freien, modernen und abstrakten Stil, sowie **Ikebana-Sonderformen** in Anlehnung an Techniken der Bildenden Kunst wie Zeichnung, Dekalkomanie (Abklatschtechnik), Collage, Relief und Plastik. Um nach eigenen Ideen freie Formen gestalten zu können, müssen die Schüler jedoch zunächst die grundlegenden Ikebana-Techniken und -Regeln kennenlernen und sicher beherrschen.

THEORIE UND PRAXIS

Bevor Sie mit dem Blumenarrangieren beginnen, sollten Sie dieses Kapitel aufmerksam durchlesen, denn hier werden wichtige grundsätzliche Dinge unter anderem über die verschiedenen Stilarten, über die Darstellung und die Bedeutung der Diagramme sowie über die Befestigung von Pflanzen in einer Schale oder in einer Vase erklärt.

Himmel, Mensch und Erde

Linien und Symbole

Unserem abendländischen Kulturkreis liegt die christlich-philosophische Vorstellung eines kosmischen Weltbildes zugrunde, das eine Dreiheit aus den Komponenten **Himmel**, **Mensch** und **Erde** bildet. In der chinesischen Naturphilosophie ist die Vorstellung von der Welt als einer Dreiheit aus Himmel, Mensch und Erde ebenfalls grundlegend. Hier jedoch sind die drei Komponenten einander nicht wie bei unserem christlich geprägten Weltbild über- bzw. untergeordnet, sondern sind gleichwertig: Der Mensch ist Teil der Natur, und in der Natur offenbart sich das Wesen des Göttlichen.

In einem Ikebana-Arrangement sind die drei Komponenten Himmel, Mensch und Erde symbolisch mit Pflanzen dargestellt. In Diagrammen werden sie grafisch als drei Hauptlinien mit jeweils unterschiedlichen Symbolen erfaßt. Die Hauptlinien haben ihren festen Platz in jedem Arrangement der Grundstile und ihrer Stilvariationen.

Beim Sogetsu-Ikebana werden die drei Hauptlinien als **Shin**, **Soe** und **Hikae** bezeichnet **(Abb. a)**: **Shin**, die längste und als erste in die Vase zu stellende oder in die Schale zu steckende Hauptlinie, ist mit einem Kreis als Zeichen der Wahrheit und der Vollkommenheit gekennzeichnet. **Soe**, die zweite Hauptlinie, wird mit einem Quadrat als Zeichen der irdischen Welt dargestellt. **Hikae**, die dritte Hauptlinie, ist an einem Dreieck, dem Zeichen der Dreieinigkeit, zu erkennen. Die drei Hauptlinien können im Ikebana-Arrangement sowohl durch Zweige, Blätter und Blumen wie auch durch Wurzel oder Steine dargestellt werden. Den Hauptlinien können darüber hinaus jeweils **Nebenlinien** zugeordnet werden, die sogenannten **Jushis**, die die Linienführung von Shin, Soe und Hikae verstärken sollen. Sie sind grafisch durch einen kurzen **Querstrich** gekennzeichnet **(Abb. b)**. Jushis können Zweige, Blumen oder Blätter sein, die im Arrangement der jeweiligen Hauptlinie stufenförmig zugeordnet werden und immer kürzer als diese sind.

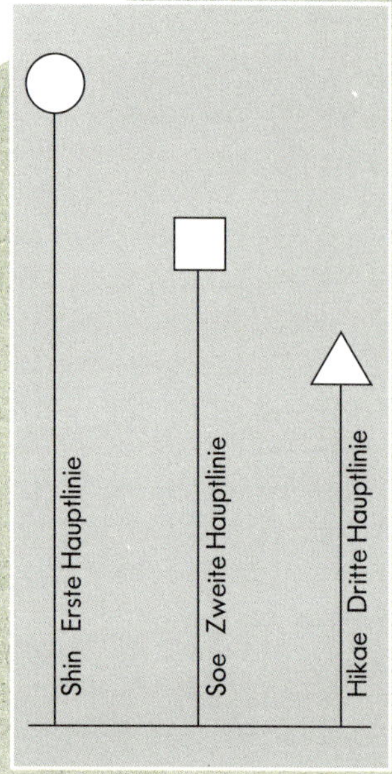

a Die drei Hauptlinien: Shin, die erste und längste Hauptlinie, ist durch einen Kreis gekennzeichnet, Soe, die zweite Hauptlinie, durch ein Quadrat, und Hikae, die dritte, durch ein Dreieck.

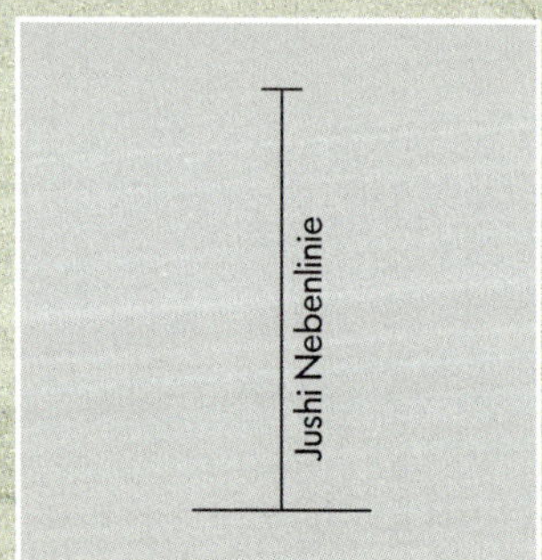

b Jushi, die Nebenlinie, ist an dem kurzen waagrechten Querstrich zu erkennen.

Die Stilarten

Die Sogetsu-Schule beginnt ihren Unterricht für Anfänger mit der Vermittlung des aufrechten und des geneigten Grundstils. Der **aufrechte Grundstil** leitet seinen Namen von der Position der Linie Shin ab, die hier fast senkrecht ist. Im Gegensatz dazu weist die Bezeichnung **geneigter Grundstil** darauf hin, daß die Linie Shin stärker als beim aufrechten Stil geneigt ist. Jeder der beiden Grundstile kann als **Schalenarrangement**, **Moribana**, und als **Vasenarrangement, Nageire**, gestaltet werden. Insgesamt gibt es also vier Grundformen für ein Arrangement. Darüber hinaus existieren unterschiedliche **Variationen** dieser Grundformen:

Grundstile: Aufrecht und geneigt – Shin und Soe stehen dicht beieinander.

Variation 1: Aufrecht und geneigt – Shin und Soe stehen weit auseinander (offene Form).

Variation 2: Aufrecht und geneigt – Hikae und Soe tauschen ihre Position (Berg- und Talstil).

Variation 3: Aufrecht und geneigt (sowie hängend bei Nageire) – diese Form hat drei „fließende" Hauptlinien (Pflanzen in drei Wegen).

Variation 4: Aufrecht und geneigt (sowie hängend bei Nageire) – hier wird nur mit den beiden Hauptlinien Shin und Hikae gearbeitet.

Variation 5: Aufrecht und geneigt – eine Hauptlinie ist von den beiden anderen in einem Gefäß getrennt (auseinandergezogene Form).

Variation 6: Aufrecht und geneigt (sowie horizontal und hängend bei Nageire) – Rundumarrangement (Tischarrangement).

Variation 7: Ukibana (schwimmendes Arrangement), Shikibana (Trockenarrangement), Morimono (Früchtearrangement)

Variation 8: Aufrecht, geneigt, horizontal (sowie hängend bei Nageire) – Kombinationen zweier Arrangements in unterschiedlichen oder gleichen Gefäßen.

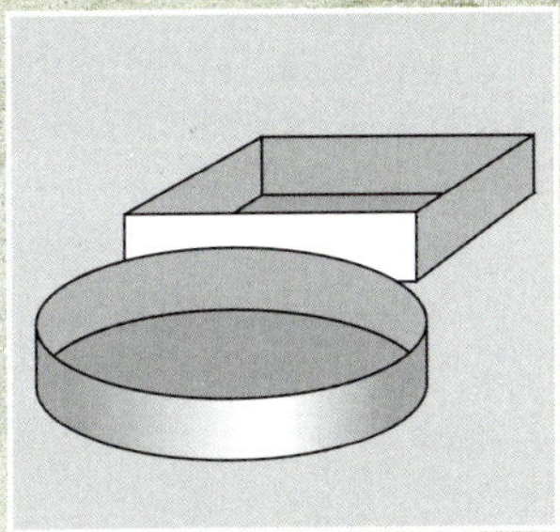

Die Schale für ein Moribana muß mindestens 5 bis 6 cm hoch sein, so daß der Kenzan später mit Wasser bedeckt ist und damit der Schalenrand beim Einstecken der Pflanzen nicht störend wirkt. Runde Schalen sollten einen Durchmesser von mindestens 25 bis 30 cm haben, rechteckige einen von 12 bis 25 cm.

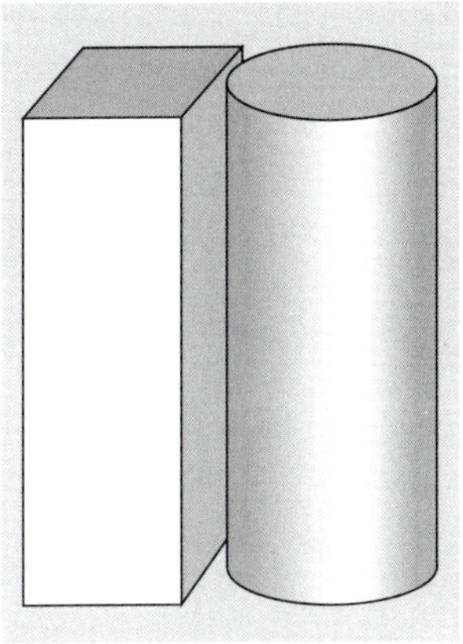

Anfänger sollten für ein Nageire möglichst solche Vasen aus Porzellan oder aus Keramik wählen, die eine kubische oder eine zylindrische Form haben, da bei diesen Arten das Erlernen der speziellen Befestigungsmethoden für die Pflanzen leichter ist. Höhe und Breite der Vase spielen dabei keine Rolle.

Maßeinheiten

Jedes Ikebana-Arrangement kann in drei verschiedenen Größen gestaltet werden, in einem Kleinen, in einem Mittleren (Standardgröße) und in einem Großen Maß. Die Länge der Hauptlinien ist bei den drei Maßen je nach Durchmesser und je nach Höhe des verwendeten Gefäßes unterschiedlich. Anhand der im folgenden angegebenen Maßeinheiten können Sie das optimale Größenverhältnis der von Ihnen ausgewählten Blumen und Zweige im Verhältnis zur verwendeten Vase oder zur Schale ermitteln. Neben der Größe des Gefäßes spielt natürlich auch die des Pflanzenmaterials selbst und nicht zuletzt die Wahl des Platzes, an dem das Arrangement später stehen soll, eine ganz entscheidende Rolle für seine Gestaltung.

Welche Größe man für sein Arrangement wählt, hängt von der Art des verwendeten Gefäßes, der Wahl seines späteren Standortes, aber auch von der Größe der verwendeten Pflanzen ab. So sollten Zweige und Blumendolden nie zu kurz geschnitten werden, da sie sonst ihre Ausdruckskraft verlieren.

Kleines Maß:

Shin	– die Höhe des Gefäßrandes plus den Durchmesser der Gefäßöffnung
Soe	– ¾ von Shin
Hikae	– ¾ von Soe

Mittleres Maß (Standardgröße):

Shin	– 1½ x die Höhe des Gefäßrandes plus 1½ x den Durchmesser der Gefäßöffnung
Soe	– ¾ von Shin
Hikae	– ¾ oder ½ von Soe

Großes Maß:

Shin	– 2 x die Höhe des Gefäßrandes plus 2 x den Durchmesser der Gefäßöffnung
Soe	– ¾ von Shin
Hikae	– ½ von Soe

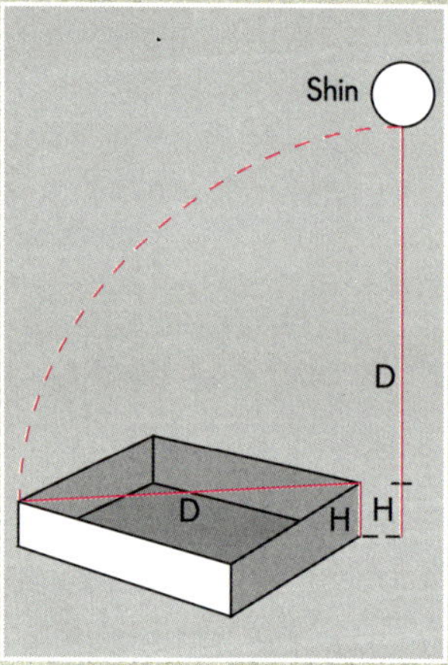

a Rechnen Sie die Länge der Diagonalen (D) zur Höhe des Gefäßrandes (H) dazu.

Kleines Maß

Bei einem kleinen Arrangement beträgt die Länge der Hauptlinie Shin die Summe aus der Höhe des Gefäßrandes plus den Durchmesser der Gefäßöffnung. Die zweite Hauptlinie, Soe, ist ¾ so lang wie Shin, und die dritte Hauptlinie, Hikae, ¾ so lang wie Soe.

Mittleres Maß (Standardgröße)

Bei einem Arrangement mittlerer Größe beträgt die Länge der Hauptlinie Shin die Summe aus 1½ x die Höhe des Gefäßrandes plus 1½ x den Durchmesser der Gefäßöffnung **(siehe Abb. unten)**. Die zweite Hauptlinie, Soe, ist ¾ so lang wie Shin. Die dritte Hauptlinie, Hikae, kann ½ oder auch ¾ so lang sein wie Soe.

Rechnen Sie bei einem Nageire immer den Teil der Pflanze, der in die Vase hineinragt, mit dazu. Bei den aufrechten Stilen kann dies fast ²/₃, bei den geneigten meist nur ¹/₃ der Vasenhöhe sein, da die Pflanzenstiele nicht ganz bis zum Vasenboden führen.

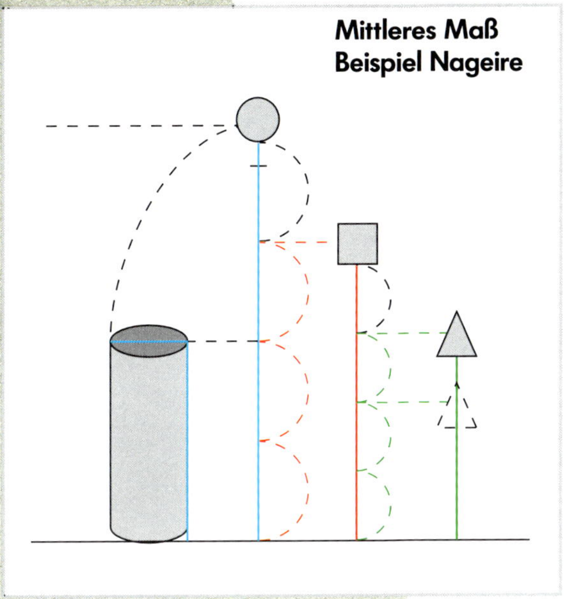

Bei runden, rechteckigen oder ovalen Schalen, die einen Durchmesser von 30 cm oder mehr haben, bietet sich eine Gestaltung im Mittleren oder im Kleinen Maß an. Für Schalen mit einem Durchmesser von etwa 15 cm und weniger sollten Sie das Große Maß wählen.

Großes Maß

Bei einem großen Arrangement beträgt die Länge der Hauptlinie Shin die Summe aus der doppelten Höhe des Gefäßrandes plus dem doppelten Durchmesser der Gefäßöffnung. Die zweite Hauptlinie, Soe, ist ¾ so lang wie Shin, die dritte Hauptlinie, Hikae, jedoch nur ½ so lang wie Soe, da sie meistens flach angelegt wird.

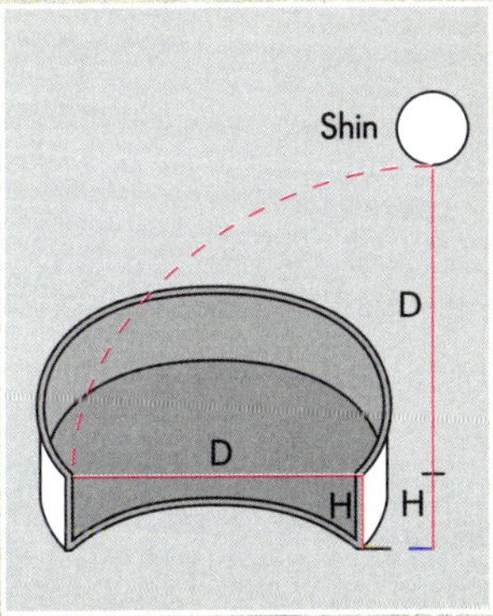

b Bei Sonderformen messen Sie anstelle des Durchmessers (oder der Diagonalen) die Strecke der am weitesten voneinander entfernt liegenden Ecken des Gefäßes ab.

Sonderformen

Wenn Sie mit einer Vase oder einer Schale arbeiten, die keine runde, sondern eine eckige Öffnung hat, rechnen Sie anstelle der Länge des Durchmessers die Länge der Diagonalen zur Gefäßhöhe dazu **(Abb. a)**. Bei **Sonderformen** messen Sie einfach die Strecke der beiden am weitesten voneinander entfernt liegenden Ecken ab und zählen sie zur Höhe dazu **(Abb. b)**.

Diagramme

Eine wichtige Hilfe bei der Gestaltung eines Ikebana-Arrangements ist das Diagramm. Es zeigt die Vorderansicht (Schauseite) und die Aufsicht des Arrangements, also seinen Anblick von vorne und von oben **(Abb. a)**. Anhand eines solchen Diagramms kann man genau sehen, in welche Richtungen die Hauptlinien verlaufen, welche Höhe, welche Breite und welche Tiefe sie räumlich gesehen einnehmen. Die Nebenlinien, die Jushis, werden hier in der Regel nicht angegeben, sind aber zur besseren Orientierung in den Diagrammen dieses Buches aufgeführt. Die Position des Blumenigels (Kenzan) in der Schale ist im Diagramm ebenfalls zu erkennen.

Nun, wie ist so ein Diagramm zu verstehen? Schauen Sie sich dazu die unten abgebildete Grafik an. Sie zeigt die Position von Shin, von Soe und von Hikae sowie die der Jushis des Grundstils Aufrecht Moribana. Stellen Sie sich nun einen **Winkelmesser** vor, der wie in der Abbildung als Linie einmal im Halbkreis über dem Gesteck verläuft. Dieser Bogen ist in gleichmäßige Abstände unterteilt worden, in Einheiten zum Messen der Größe eines Neigungswinkels, in **Winkelgrade**. Von der Mitte der Linie, dem Null-Grad-Punkt, aus, zieht sich eine Linie genau senkrecht nach unten bis

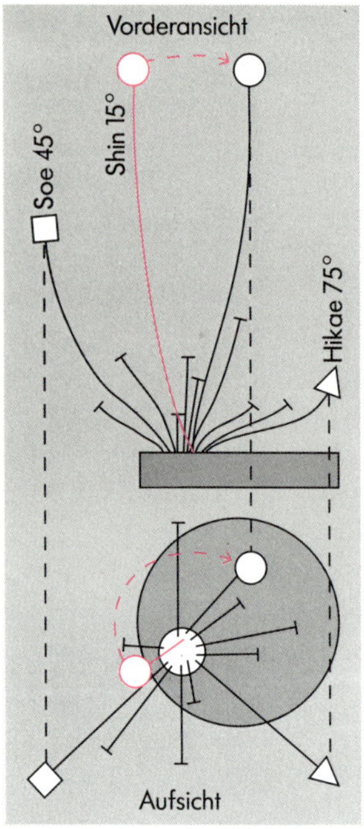

a Aufrechter Grundstil für Moribana (Hongatte), Kenzanposition 1

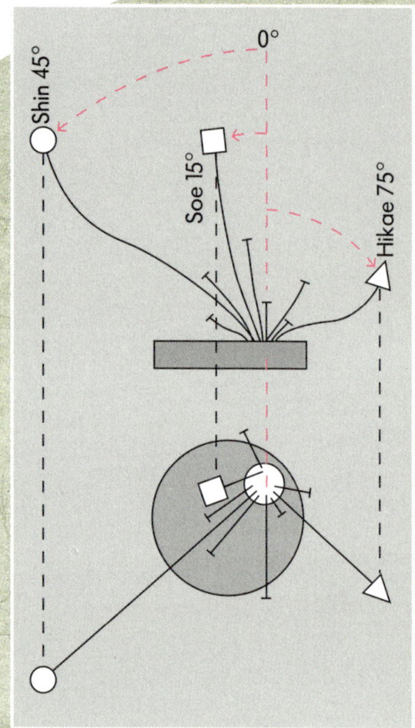

b Geneigter Grundstil für Moribana (Hongatte), Kenzanposition 3

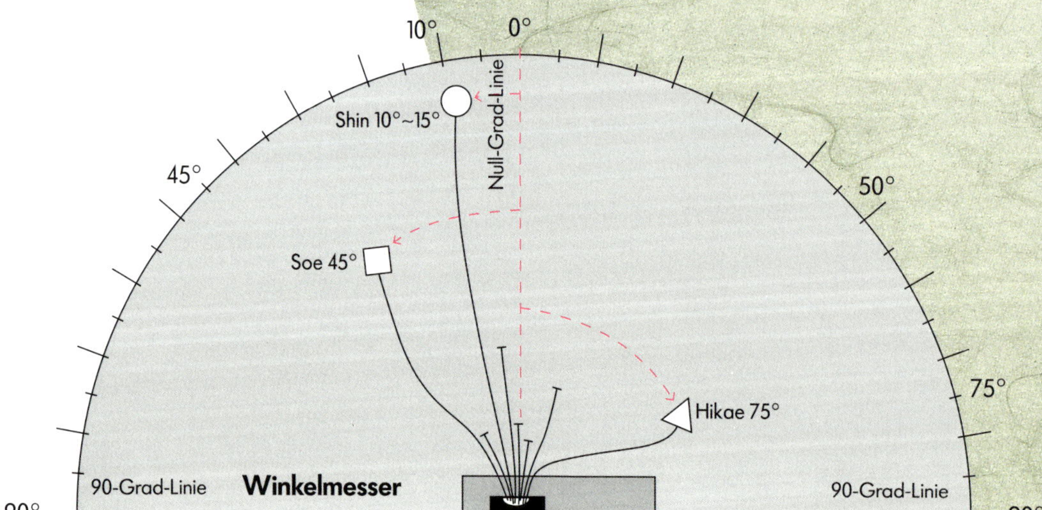

dorthin, wo der Kenzan im Gefäß steht. Unterhalb des Kenzan verlaufen nach links und nach rechts zwei weitere Linien, die auf die beiden 90-Grad-Punkte des Bogens treffen. Die **Null-Grad-Linie** und die beiden **90-Grad-Linien** bilden so die Schenkel von zwei spiegelverkehrten rechten Winkeln, deren Scheitelpunkt der Kenzan selbst ist. Steht Shin nun etwas weiter nach links oder nach rechts von der Null-Linie abgerückt, so kann man genau feststellen, um wieviel Grad die Hauptlinie abweicht. Hier sind es für Shin 10 bis 15 Grad, für Soe 45 Grad und für Hikae 75 Grad. Diese Positionen der Hauptlinien sind typisch für den aufrechten Grundstil Moribana und Nageire. Er wird deshalb als aufrecht bezeichnet, weil seine wichtigste Hauptlinie Shin mit einem Neigungswinkel von 10 bis 15 Grad fast senkrecht steht. Die Bezeichnung geneigt weist daraufhin, daß Shin einen größeren Neigungswinkel einnimmt, der beim geneigten Grundstil 45 Grad beträgt **(Abb. b)**. Bei allen aufrechten und geneigten Grundstilen und ihren Variationen steht der Grad des Neigungswinkels der drei Hauptlinien fest. Shin, Soe und Hikae tauschen bei gleichbleibenden Gradzahlen einfach ihre Plätze **(Abb. c)**. Eine Ausnahme bildet die Variation 4, da hier nur mit zwei Hauptlinien gearbeitet wird.

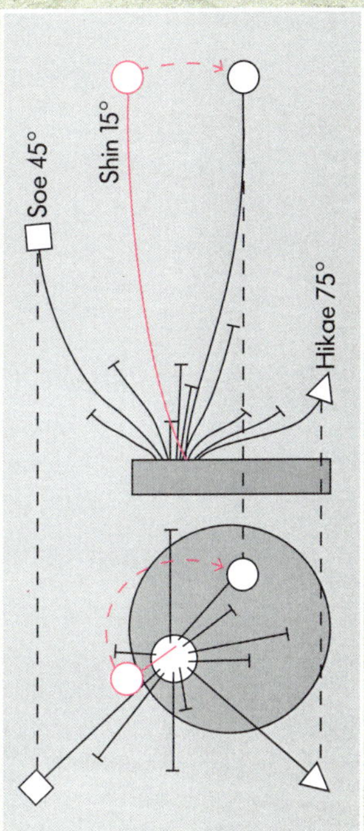

c Variation 1 des aufrechten Grundstils für Moribana (Gyakugatte), Kenzanposition 1

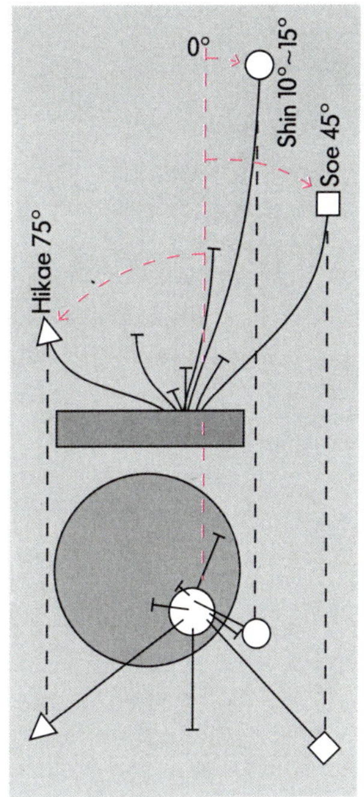

d Aufrechter Grundstil für Moribana (Gyakugatte), Kenzanposition 2

Hongatte und Gyakugatte

Pflanzen haben eine dem Licht zugewandte und eine dem Licht abgewandte Seite. Alle verwendeten Zweige, Blumen und Blätter sollten im Gefäß daher so gesteckt oder gestellt werden, daß ihre Lichtseite dem Betrachter zugewandt ist. So verfügt auch ein Ikebana-Arrangement über eine Vorder-(Schau-) und eine Rückseite. Wenn sich nun beispielsweise ein für Shin geeigneter Zweig aufgrund seiner natürlichen Wachstumsform von vorne aus betrachtet im Grundstil Aufrecht Moribana nicht wie im Diagramm angegeben nach links, sondern nach rechts neigt, so kann man das Gesteck auch seitenverkehrt arrangieren. Man spricht in diesem Fall von einer **Gyakugatte (Abb. c und d)** im Gegensatz zur allgemein üblicheren **Standardform, der Hongatte** (Abb. a **und** b).

Wenn Sie das Arrangieren der Grundstile und ihrer Variationen anhand der jeweiligen Diagramme beherrschen, können Sie mit dem Gestalten freier Formen und dem Entwerfen eigener Diagramme beginnen.

Material und Werkzeug

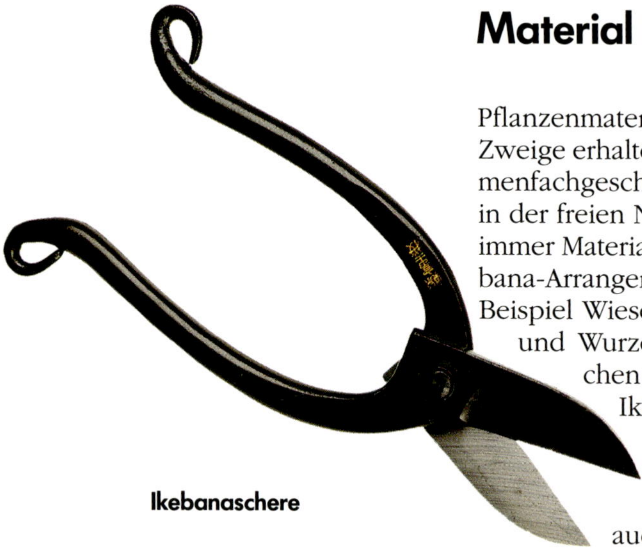
Ikebanaschere

Pflanzenmaterialien wie Blumen, Blätter und Zweige erhalten Sie bei Ihrem Floristen im Blumenfachgeschäft. Aber auch ein Spaziergang in der freien Natur ist lohnenswert, da Sie dort immer Materialien finden, die Sie in einem Ikebana-Arrangement gebrauchen können, zum Beispiel Wiesenblumen, Gräser, schöne Steine und Wurzeln. Gehen Sie deshalb bei solchen Gelegenheiten nie ohne Ihre Ikebana-Schere und einen Beutel, in dem Sie Fundstücke gut transportieren können, aus dem Haus. Eine Ikebana-Schere wie auch anderes spezielles Zubehör bekommen Sie in Ikebana-Schulen, Lehrkräften oder bei einem Fachversand (Adressen von Bezugsquellen für Ikebana-Zubehör siehe Seite 107).

Kenzanaufrichter

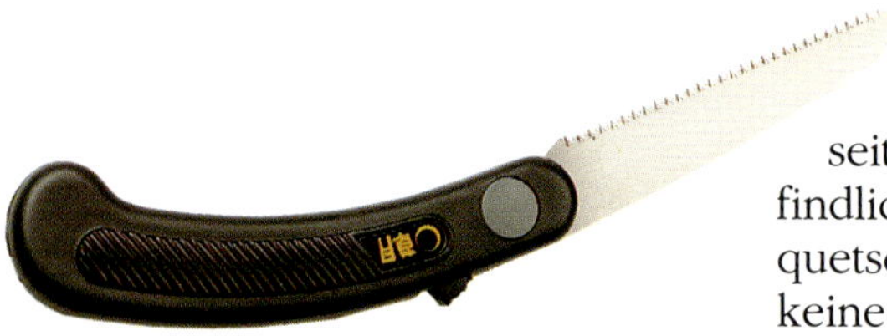
Handsäge

Die wichtigsten Werkzeuge und Zubehör:
Ikebana-Schere – Sie ist klein und sehr handlich und deshalb problemlos mitzunehmen. Im Gegensatz zu unseren sonst üblichen Gartenscheren ist sie doppelseitig geschliffen, was verhindert, daß empfindliche Blütenstiele beim Schneiden gequetscht werden. Die Ikebana-Schere hat keine Rückstellfeder. Nehmen Sie sie beim Gebrauch so in die Hand, daß der rechte Daumen den oberen Scherenarm umschließt, während die restlichen Finger den unteren Arm bewegen.
Kleine Handsäge – Mit ihr können Sie Äste bearbeiten, die für das Schneiden mit der Ikebana-Schere zu dick sind.
Kenzan – Mit seiner Hilfe werden die Pflanzen in einem Schalenarrangement befestigt. Darum ist er eines der wichtigsten Hilfsmittel überhaupt (siehe auch Seite 28).
Kenzanaufrichter – Ihn benutzen Sie zum Reinigen und Wiederaufrichten verbogener Nadeln des Kenzans.
Blumenspritze – Da die Luftfeuchtigkeit in Wohnräumen meist zu niedrig ist, muß das Arrangement von Zeit zu Zeit übersprüht werden.

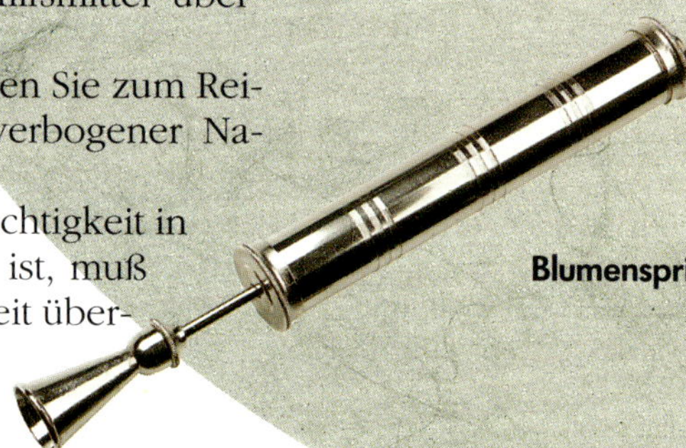
Blumenspritze

Myrtendraht

Vasen und Schalen – Sie können hier alle möglichen Arten verwenden. Für den Anfang genügen jedoch einfache und und rechteckige Formen. Flache Schalen müssen mindestens 5 bis 6 cm hoch sein und einen Durchmesser von etwa 25 x 30 cm aufweisen (siehe auch Seite 17)

Blumenkreppband – Auf jeden Fall sollten Sie es in den Farben Grün und Braun vorrätig haben, da mit ihm dünnstielige Gräser und Blumen gebunden werden.

Bast – Sie können Gräser oder Blumenbündel auch mit Bast zusammenbinden.

Tuch – Es dient als Arbeitsunterlage, auf die Sie die Ikebanaschere, den Kenzan, den Blumendraht und andere Werkzeuge legen können. Außerdem kann man mit dem Tuch die Werkzeuge reinigen.

Schalen- und Vasenunterlagen – Als Unterlagen für Vasen oder für Schalen eignen sich zum Beispiel Bast- oder Bambusmatten, Lackbrettchen wie auch Platzdeckchen sehr gut. Richten Sie sich bei ihrer Auswahl nach dem Gesamteindruck des Arrangements. So sieht eines mit exotischen Pflanzen in einer schwarzen Lackschale sicherlich hübscher auf einer Bastmatte aus, während ein Gesteck mit Rosen und Weidenkätzchen in einem nostalgischen Gefäß auf einem Spiegelglas ansprechender wirkt.

Blumensteckdraht – Mit ihm können Sie Pflanzen zusammenbinden, andrahten und formen. Es gibt ihn in verschiedenen Farben und Stärken (0,5 bis 6,0 mm). Die feineren Sorten wie Myrtendraht eignen sich für kleinere Blumen und Blätter. Größere Pflanzen und Zweige lassen sich besser mit einem dicke ren Draht gestalten.

Wasserbehälter – Ihn brauchen Sie auf alle Fälle, damit Sie die Pflanzen nach dem Kauf direkt ins Wasser stellen können. Ein Anschnitt der Stiele ist hier auf jeden Fall empfehlenswert, damit sich die Blumen bis zur Weiterverarbeitung gut mit Wasser vollsaugen können.

Kieselsteine – Sie werden zum Abdecken des Kenzans in der Schale gebraucht.

Blumensteckdraht

Kreppband

Kieselsteine

Pflanzen auslichten

So sah der Zweig vor dem Entlauben aus.

Seine Blätter und Zweige wurden bis auf wenige reduziert.

Ob ein Ikebana-Arrangement gelingt, hängt jeweils im wesentlichen davon ab, ob die natürlichen Wachstumsformen der verwendeten Blumen, der Zweige oder der Blätter zur Geltung gebracht werden. Natürlich können Sie eine Pflanze auch formen, ihr beispielsweise durch Biegen oder durch Rollen eine andere als die ursprüngliche Gestalt geben. Wichtiger ist jedoch, daß Sie zunächst einmal lernen, die wesentlichen Teile einer Pflanze zu erkennen und sie hervorzuheben: Nehmen Sie einen Zweig in die Hand. Betrachten Sie ihn ganz genau von allen Seiten. Decken Sie mit einer Handfläche immer wieder bestimmte Partien des Zweiges ab. So sehen Sie, welche Äste und welche Blätter seine Hauptlinien darstellen und welche eher störend wirken. Alle überflüssigen kleinen Zweige schneiden Sie mit der Ikebana-Schere ab.

Blumen entblüten und entlauben

Wenn Sie Blumen mit mehrteiligen, verzweigten Blütenständen wie Dolden verwenden wollen, sollten Sie darauf achten, wie dicht die einzelnen Stände aneinander stehen. Entfernen Sie hier eventuell kleinere Blütenbüschel, damit die größeren besser zur Geltung kommen. Die Blätter eines Blumenstiels vor dem Arrangieren auslichten.

Zweige entlauben

Zweige mit vielen Blättern wie die des Sand-, des Weiß- oder des Rotdorns, der Linde oder der Schlehe entlauben Sie vor dem Arrangieren in der Schale oder in der Vase, damit man ihre Blüten oder ihre Fruchtstände, zum Beispiel Beeren, besser sehen kann **(Abb. links oben und unten)**.

Blumen und Zweige entdornen

Zweige wie die der Heckenrose, der Schlehe **(Abb. rechts oben und unten)** oder des Weißdorns und Blumen wie Rosen sollten Sie grundsätzlich entdornen/entstacheln, damit Sie sich später beim Einstecken der Pflanze in den Kenzan oder Einstellen in die Vase nicht verletzen.

Die Dornen dieses Zweigs müssen entfernt werden.

Nach dem Entdornen ist seine Hauptlinie gut erkennbar.

Pflanzen formen

Einen Blumenstiel wie hier mit Draht von innen ...

... oder mit außen am Stiel befestigtem Draht formen.

Dieses Blatt wurde auf der Rückseite gedrahtet.

Wie schon erwähnt, können Sie einer Pflanze auch eine andere als die ursprüngliche Gestalt geben, sie durch Biegen, Drahten oder Rollen formen.

Blumen und Blätter drahten

Einer Blume können Sie eine andere Form geben, indem Sie ihren **Stiel von innen drahten (Abb. links oben)**: Durch dessen Öffnung hindurch von unten bis ganz nach oben zum Blütenkopf ein Stück Steckdraht einschieben. Das Drahtende sollte nicht mehr unten aus dem Stiel herausragen und abgeschnitten werden, da sich die Blume sonst nicht gut in den Kenzan stecken läßt. Sie können den Biegedraht aber auch **außen am Stiel anlegen**. Draht und Stiel werden zusammen vom Blütenansatz an bis zum Stielende ganz mit Blumenband umwickelt **(Abb. links Mitte)**.

Ein großes **Blatt** wie das der Aspidistra, der Sanseveria, des Gummibaumes, der Banane oder das einer Palme läßt sich ganz leicht biegen, wenn Sie auf seiner Rückseite an der Hauptader des Blattes entlang ein Stück Draht anlegen und es dort mit transparentem Klebeband befestigen **(Abb. links unten)**.

Äste biegen

Dünne Äste von Zweigen können Sie ganz leicht durch Biegen formen: Umfassen Sie die Mitte des betreffenden Astes mit beiden Händen. Mit einer Hand halten Sie ihn fest, während Sie ihn mit der anderen nach unten oder nach oben drücken und ihn dabei gleichzeitig etwas drehen **(Abb. rechts oben)** Wiederholen Sie dies solange, bis die gewünschte Form erreicht ist.

Mit Hilfe der Ikebana-Schere lassen sich aber auch **stabilere Äste** formen: Schneiden Sie in kurzen Abständen von etwa 1 bis 2 cm jeweils 1 bis 2 mm tief in den Ast ein oder V-förmige Kerben aus **(Abb. rechts unten)**. So läßt sich der Ast biegen. Legen Sie in diese Einschnitte eventuell noch passende, V-förmige Stabilisierungsstücke aus Holz oder einem anderen Material ein.

Einen dünnen Ast mit Drehbewegungen formen.

Einen dicken Ast in kurzen Abständen einschneiden.

Blätter einrollen

Die Form eines langen, dünnwandigen Blattes wie das der Narzisse oder das der Tulpe läßt sich auch dadurch verändern, daß Sie es einrollen: Feuchten Sie das ganze Blatt zuerst mit etwas Wasser an, und wickeln Sie es dann ganz auf Ihren Zeigefinger auf. Wenn Sie den Finger nun aus der Rolle herausziehen, hat das Blatt eine sehr schöne Rundung angenommen.

Sie können die Blattrolle aber auch mit Bast zubinden (**Abb. links oben**), sie so über Nacht stehen lassen und erst am nächsten Tag wieder öffnen (**Abb. links unten**), was die Formen noch ausgeprägter erscheinen läßt – eine Methode, die sich auch empfiehlt, wenn sie stärkere Blattarten wie beispielsweise die der Aspidistera verwenden wollen.

Die zugebundene Blattrolle über Nacht stehenlassen.

So interessant sieht das zugebundene Blatt nach dem Ausrollen aus.

Blätter und Blumen beschneiden

Wie Sie ein Blatt oder eine Blume beschneiden, bleibt Ihrem eigenen Geschmack überlassen. Sie brauchen ein dünnes langes Blatt wie das der Tulpe oder das der Iris einfach nur ein Stück zu kürzen, um ihm eine andere als die ursprüngliche Form zu geben. Dies bietet sich natürlich auch dann an, wenn die Blattspitze schon gelb geworden oder eingerissen ist.

Einen **Blattrand** können Sie ebenfalls beliebig gestalten, in einen glatten beispielsweise Ausbuchtungen oder Zacken einschneiden (**Abb. rechts oben**). Sehr dekorativ sehen auch eingeschnittene geometrische Muster wie Drei- und Vierecke oder Kreise im **Blattinneren** aus. Falten Sie das Blatt für solche Innenschnitte zur Hälfte aufeinander, und setzen Sie an der Faltkante die Ikebana-Schere an (**Abb. rechts Mitte**).

Sie können ein Blatt auch ganz bis auf seine äußere Kontur reduzieren, also zum Beispiel das Blattinnere bis auf wenige schmale Streifen wegschneiden, wodurch es sehr filigran aussieht (**Abb. rechts unten**).

Blüten lassen sich durch das Beschneiden ebenfalls dekorativ gestalten. Eine große flache Blüte, wie zum Beispiel die einer Sonnenblume, eignet sich dafür besonders gut, da sie sich leicht halbieren, vierteln oder auf eine andere Art und Weise gestalterisch verändern läßt.

Hier sehen Sie einige unterschiedliche Beispiele für beschnittene Blattränder.

Bei Innenschnitten die Schere an der Faltkante ansetzen.

Sehr filigran wirkt dieses eingeschnittene Blatt.

Frischhaltung und Pflege

Methoden und Mittel	So wird's gemacht	Geeignetes Pflanzenmaterial
Anschneiden	Pflanzenstiele vor dem Einstellen oder Einstecken grundsätzlich immer unter Wasser anschneiden, da sich sonst ein Sauerstoffpolster auf die frisch geöffneten Zellen legt.	Gilt für alle Pflanzen.
Einwickeln in Zeitungspapier	Blumen in Zeitungspapier einhüllen und sie bis zu den Blüten in einen Eimer mit auf 40 Grad erwärmtes Wasser stellen (Dauer 2 bis 6 Stunden).	Gilt für alle Blumen, die längere Zeit ohne Wasser transportiert oder gelagert wurden.
Eintauchen **a)** in Zucker-Essig-Lösung **b)** in Pfefferminzöl	Die angeschnittenen Stielenden kurz in die jeweilige Flüssigkeit tauchen. **a)** Für die Zucker-Essig-Lösung in 1 l Wasser je 1 Teelöffel Zucker und Weinessig geben.	**a)** Anthurien, Calendula, Chrysanthemen, Gerbera, Gladiolen, Freesien, Iris, Lilien, Nelken, Nerrinen, Rosen **b)** Deutzia, Gerbera, Hosta, Malve, Mimose, Prachtscharte
Einspritzen **a)** von Alkohol **b)** von Nikotin	Damit sich die Blüten nicht wieder schließen und nicht so schnell welken, die jeweils angegebene Flüssigkeit mit einer Einwegspritze in den Stiel spritzen. **a)** Alkohol und Wasser im Verhältnis 1:3 mischen. **b)** Nikotin und Wasser im Verhältnis 1:5 mischen.	Speziell für Wasserpflanzen wie Seerosen, Lotus, Calladium u.a.
Spalten und Einreiben mit Salz	Stielenden mit der Ikebana-Schere etwa 5 bis 10 cm tief kreuzweise einschneiden und dann mit Salz einreiben.	Alle Blütengehölze wie Ahorn, Buche, Eukalyptus, Flieder, Forsythie, Hartriegel, Jasmin, Lorbeer, Schneeball u.a.
Ausbluten und Ausschleimen	Angeschnittene Stielenden etwa 24 Stunden lang in einen Behälter mit frischem Wasser stellen (Blumen wie Narzissen und Maiglöckchen jeweils nicht mit anderen Pflanzen zusammen).	Alle Pflanzen, die Giftstoffe enthalten wie Narzissen, Maiglöckchen, Ringelblumen u.a.
Ansengen	Die Stielenden etwa 10 cm hoch mit offener Flamme (Feuerzeug, Streichholz) ansengen, danach in diesem Bereich schräg anschneiden.	Alle Pflanzen, die Milchsaft absondern wie Euphorbien, Levkojen, Mäusekraut, Mohn, Weihnachtsstern u.a.

Moribana

Die in einem Moribana, also einem Schalenarrangement, verwendeten Pflanzen werden mit einem in der Schale plazierten **Kenzan (Blumenigel)** befestigt.

Für den Anfang eignet sich ein Vollmond-Halbmond-Kenzan gut.

Zweige schräg und Blumen gerade anschneiden und jeweils gerade einstecken.

Befestigen mit dem Kenzan

Je schwerer er ist, desto besseren Halt gibt er den Blumen. Verwenden Sie deshalb nur einen echten japanischen Kenzan, dessen Messingnadeln auf einer dicken Blei-Antimon-Platte sitzen. Weitere wichtige Qualitätskriterien sind die Dichte sowie die Art der Messingnadeln, die vierkantig sein sollten.

Blumenigel gibt es in verschiedenen Formen und Größen zu kaufen. Dem Einsteiger empfehle ich die Wahl eines sogenannten **Vollmond-Halbmond-Kenzans (Abb. links oben)**, der aus zwei Teilen besteht: Auf dem „Vollmond" werden die Pflanzenstiele eingesteckt. Sollte er einmal umzukippen drohen, können Sie den „Halbmond" als Gegengewicht aufsetzen. Für größere Gestecke mit schweren Zweigen nimmt man am besten einen großen runden oder rechteckigen Kenzan.

Die **Einsteckpunkte** der Pflanzen auf dem Kenzan sollten ein Dreieck zueinander bilden. Plazieren Sie die Zweige, die Blumen oder die Blätter niemals am Rand des Blumenigels, sondern in dessen Mitte. Die Stiele der Pflanzen für die Hauptlinien sollten nicht zu eng nebeneinander stehen, damit noch genügend Raum für die Jushis bleibt.

Stabilisieren von Pflanzenstielen

Markige, dünne und hohle Pflanzenstiele können Sie folgendermaßen stabilisieren:

Bei einem markigen Pflanzenstiel ein kleines Aststück **(Abb. rechts oben)**, bei einem hohlen Pflanzenstiel wie dem der Amaryllis einen zusätzlichen Stützstiel von unten in das Stielende einschieben **(Abb. rechts Mitte)**. Jeweils von außen mit Blumenkreppband fixieren. Dünnstielige Pflanzen wie Gräser mehrfach zusammenfassen und mit den Stielenden vorsichtig in ein Stück stabilen hohlen Stiel stecken **(Abb. rechts unten)**.

Einen markigen Stiel mit einem kleinen Aststück stabilisieren.

Einen hohlen Stiel mit einem Stützstiel stabilisieren.

Dünne Stiele zusammenfassen und in ein hohles Stück Stiel stecken.

In der Regel wird der Kenzan nicht in der Gefäßmitte, sondern immer am Rand plaziert. Dies betont den asymmetrischen Aufbau eines Ikebana-Arrangements und bietet zudem den Vorteil, daß der Kenzan durch den Schalenrand an einer Seite etwas verdeckt wird.

Kenzanpositionen

Bei den Grundstilen und allen ihren Stilvariationen ist jeweils eine bestimmte Position des Kenzans in der Schale vorgegeben. Insgesamt gibt es acht verschiedene Möglichkeiten, wie man den Kenzan in der Schale plazieren kann: Für die aufrechten Moribana-Arrangements gelten die Positionen im vorderen Bereich der Schale, für die geneigten die Positionen im hinteren Bereich (Gyakugatte in Klammern). Die Positionen 7 und 8 können außerdem für die Variation 3 Aufrecht Moribana wie auch für die Variation 6 gewählt werden. Bei der **Variation 5**, der auseinandergezogenen Form mit zwei Schalen, sind die Positionen 1 und 3 sowie 4 und 2, also alle diagonalen Kombinationsmöglichkeiten erlaubt. Bei den **Variationen 6** und **8** sind alle Positionen von 1 bis 8 möglich – die Plazierung des Kenzans in der Schale ist hier abhängig von der gewählten Stilform. Bei **Variation 7** wird in der Regel ohne Kenzan gearbeitet.

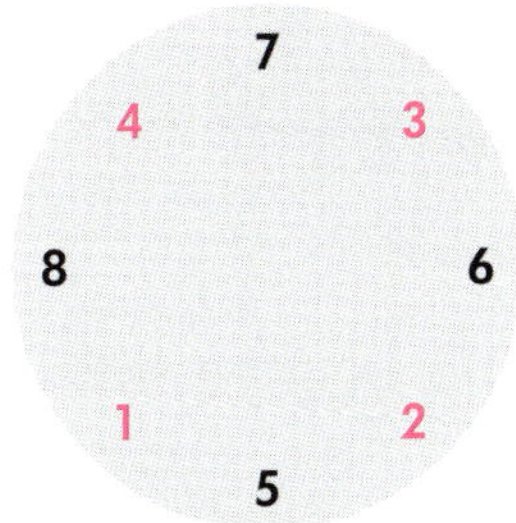

Die acht verschiedenen Kenzanpositionen werden grafisch mit den entsprechenden Ziffern von 1 bis 8 (1, 2, 3, 4 sind die Positionen der Grundstile) in einem wie oben abgebildeten Kreis oder beispielsweise in einem Viereck (dem Schalenumriß) dargestellt.

Die Grundstile und ihre Variationen	Kenzanpositionen Schale Aufrecht / Geneigt		Einsteckpunkte Kenzan Aufrecht / Geneigt	
Grundstil	1 (2)	(4) 3	● ■ ▼	■ ● ▼
Variation 1	1 (2)	(4) 3	● ■ ▼	■ ● ▼
Variation 2	1 (2)	(4) 3	● ▲ ■	▼ ● ■
Variation 3	(7) 8 6 5	(7) 5	● ■ ▼	● ■ ▼
Variation 4	1 (2)	(4) 3	● ▼	● ▼
Variation 5	alle diagonalen Kombinationen möglich		alle diagonalen Kombinationen möglich	
Variationen 6 und 8	alle Kombinationen möglich		alle Kombinationen möglich	

Nageire

Das Arrangieren von Pflanzen bedarf beim Nageire anderer Techniken als beim Moribana. Die Sogetsu-Schule bietet dem Anfänger drei Möglichkeiten an, wie man Blumen, Blätter und Zweige in einer Vase einstellen kann: mit Hilfe eines aufrecht stehenden Stützholzes (Soegi-dome) oder zwei gekreuzten, waagrecht angebrachten Stützhölzern (Jumonji-dome) sowie ohne zusätzliche Hilfsmittel (Jikae-dome).

Die verwendeten Stützhölzer (komi) müssen frisch sein, damit man sie spalten kann. Verwenden Sie dafür keine hohlen oder markigen Hölzer, da diese nicht stabil genug sind.

Das Stützholz gerade an die Vase halten, um seine Länge zu bestimmen.

Das obere Ende des Stützholzes wie hier etwa 10 cm tief einschneiden.

Das aufrecht stehende Stützholz

Diese Befestigungsmethode (Soegi-dome) eignet sich für alle Pflanzen und jede Vasenform. Für die Anfertigung des Stützholzes brauchen Sie einen gerade gewachsenen, entlaubten und etwa fingerdicken Ast wie beispielsweise den einer Weide. Schneiden Sie ihn an einem Ende ganz gerade ab. Bestimmen Sie die Länge des Stützholzes, indem Sie das Aststück mit seiner Schnittfläche nach unten außen senkrecht an die Vase halten **(Abb. links oben)**. Schneiden Sie es etwa 1 cm kürzer ab als die Vase hoch ist. Nehmen Sie nun die für Shin ausgewählte Pflanze, und halten Sie sie mit dem Ende Ihres schräg angeschnittenen Stiels so in der gewünschten Winkelposition in die Vase, daß das Stielende die Gefäßinnenwand berührt.

Schneiden Sie es nun so weit ein, wie der Abstand vom Gefäßrand bis einschließlich zum aufrecht in der Mitte der Vase stehenden Stützholzes lang ist. Das Stützholz wird am oberen Ende in der gleichen Länge wie der Stiel gespalten. Schieben Sie die so entstandene Gabel des Astes und die des Stiels ganz ineinander **(Abb. rechts oben)**. Der Stiel (Shin) berührt nun von innen die Wand der Vase und liegt an ihrem Rand auf. Auf diese Weise befestigen Sie auch die Stiele der Pflanzen für Soe und für Hikae an der Gabel für Shin **(Abb. rechts Mitte)**. Alle anderen Pflanzen stellen Sie ein **(Abb. rechts unten)**.

Die Gabel von Shin in die des Stützholzes stecken.

Die Gabel von Soe (Hikae) an der von Shin feststecken.

Alle anderen Pflanzen direkt in die Vase einstellen.

Die gekreuzten Stützhölzer

Diese Befestigungsmethode (Jumonji-dome) eignet sich besonders für Arrangements in stabilen zylindrischen Vasen. Dünne Vasenwände halten dem Druck der Stützhölzer eventuell nicht Stand.

Für die gekreuzten Stützhölzer brauchen Sie wie schon für das aufrecht stehende Stützholz einen gerade gewachsenen, entlaubten, etwa fingerdicken Ast wie den einer Weide. Schneiden Sie von diesem Ast zwei Stücke ab, die jeweils etwas länger als der Innendurchmesser der Vase sind. Das eine Ende eines jeden Aststückes muß schräg, das andere gerade angeschnitten sein. Befestigen Sie ein schräg angeschnittenes Aststück waagrecht zwischen den Vaseninnenwänden. Die Schnittfläche zeigt dabei nach unten **(Abb. links oben)**. Das andere Aststück wird über Kreuz ebenso, aber etwas schräger angebracht **(Abb. links unten)**. Schneiden Sie nun die Stiel- und Zweigenden aller zu verwendenden Pflanzen schräg an. Bringen Sie die für Shin ausgewählte Pflanze in die gewünschte Winkelposition, und stellen Sie sie so in die Vase ein. Die Schnittfläche des Stielendes muß dabei an der Vaseninnenseite anliegen und der Zweig bzw. Stiel auf dem Kreuzpunkt der Stützhölzer aufliegen **(Abb. rechts oben)**. Mit Soe und Hikae verfahren Sie ebenso. Wichtig ist dabei, daß die Stiele **nicht** am Vasenrand aufliegen. Alle anderen Blumen oder Zweige werden dazu gestellt **(Abb. rechts unten)**.

Die Schnittfläche des Aststücks zeigt nach unten zum Vasenboden.

Das zweite Aststück etwas schräg über Kreuz in der Vase anbringen.

Shin liegt am Kreuzpunkt auf und an der Vaseninnenseite an.

Alle anderen Pflanzen zum Schluß dazustellen.

Einstellen ohne Stützhölzer

Diese Befestigungsmethode (Jikae-dome) ist besonders für flache, kugel- und birnenförmige Vasen sowie für solche mit schmalen Öffnungen geeignet, da sich Stützhölzer hier nicht gut anbringen lassen. Die für das Arrangement ausgesuchten Pflanzen finden in der Vase jeweils an zwei Punkten Halt: zum einen liegt ihr Stiel am Vasenrand auf, zum anderen liegt ihr Stielende an der Vaseninnenseite an. Die Pflanzenstiele werden alle so eingestellt, daß sie sich kreuzweise überlagern und damit gegenseitig stützen. Feinstielige Blumen und Gräser können vor dem Einstellen gebündelt werden, damit sie stabiler sind.

GRUNDSTILE

Auf den folgenden Seiten werden die aufrechten und die geneigten Grundstile für Moribana und für Nageire jeweils Schritt für Schritt in Wort und Bild anhand von Mustergestecken mit Anleitungen zum einfachen Nacharbeiten vorgestellt.

GRUNDSTIL

Aufrecht Moribana

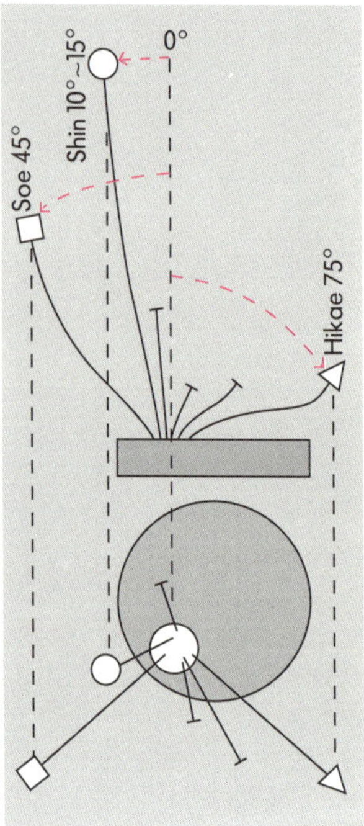

Material: Kirschzweige, Papageientulpen, Kieselsteine

Gefäß: runde schwarze Keramikschale

Befestigung: Kenzan

Kenzanposition und Kenzaneinsteckpunkte:

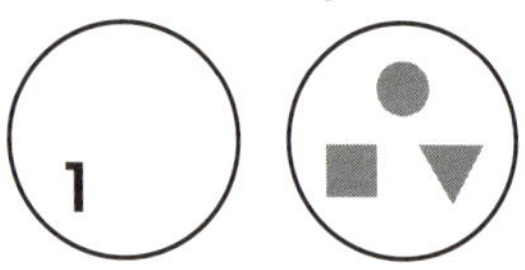

Beim aufrechten Grundstil stehen die beiden Hauptlinien Shin und Soe, hier die beiden größeren Kirschzweige, dicht nebeneinander. Hikae, die langstielige, nach rechts außen geneigte Tulpe wird als dritte Hauptlinie in einem größeren Abstand zu Shin und zu Soe hinzugefügt. Der kleine Kirschzweig unterstützt als Nebenlinie, also als Jushi, optisch die Position von Shin, die beiden kürzeren Tulpen die von Hikae. Betrachten Sie das Diagramm genau. Die richtige Länge der im Kenzan einzustekkenden Zweige und Blumen bestimmen Sie anhand der Größe des Durchmessers und der Höhe der verwendeten Schale (siehe auch Seite 16 f). Das hier abgebildete Mustergesteck wurde im **Mittleren Maß** gestaltet (**Standardmaß**).

Grundregel:
Ein Ikebana-Arrangement wird immer von oben nach unten aufgebaut, also beginnend mit der Linie Shin.

1 **Den Zweig für Shin um 15 Grad nach links vorne zeigend einstecken.**

2 **Einen kürzeren Zweig als Beilinie für Shin in den Blumenigel einstecken.**

3 **Den Zweig für Soe um 45 Grad geneigt plazieren.**

Schritt für Schritt

Beginnen Sie nun mit der ersten Übung: Seien Sie ganz entspannt, und legen Sie alle notwendigen Materialien und Werkzeuge bereit. Plazieren Sie den **Kenzan** in der angegebenen **Position 1** im linken vorderen Bereich der Schale, und füllen Sie sie mit frischem Wasser. Betrachten Sie das Diagramm ganz genau, und überlegen Sie dann, in welchem Größenmaß Sie es gestalten wollen (siehe Seite 16 f). Bei diesem Gesteck wurde das **Mittlere Maß (Standardmaß)** gewählt. Suchen Sie nun den Zweig, der die Hauptlinie **Shin** darstellen soll, aus. Betrachten Sie ihn genau, und entfernen Sie alle Seitenzweige und Blätter, die den Wachstumsverlauf des Hauptzweiges optisch stören. Dies gilt für alle ausgesuchten Zweige und Blumen, die so vorbereitet werden sollen, daß ihre charakteristischen Merkmale später im Arrangement gut zur Geltung kommen. Stecken Sie den Kirschzweig für Shin, der so lang ist wie 1½ x die Höhe und 1½ x der Durchmesser des Gefäßes zusammen, mit dem Stielende so auf den entsprechenden Einsteckpunkt des Kenzans, daß der Kirschzweig um 15 Grad von der Nullinie abweichend nach links vorne weist **(Abb. 1)**. Als optische Unterstützung erhält Shin eine unmittelbar daneben im Kenzan eingesteckte kürzere und nach links hinten weisende **Beilinie** (Jushi) aus dem gleichen Pflanzenmaterial, hier einen weiteren Kirschzweig **(Abb. 2)**. Der Zweig für **Soe** ist ¾ so lang wie Shin. Plazieren Sie ihn auf dem angegebenen Einsteckpunkt so auf dem Kenzan, daß er um 45 Grad von der Nullinie abweichend nach links vorne zeigt **(Abb. 3)**. Für die dritte Hauptlinie, **Hikae**, die ½ so lang wie Soe ist, nehmen Sie eine Papageientulpe, die auf dem entsprechenden Einsteckpunkt so auf den Kenzan gesteckt wird, daß sie um 75 Grad von der Nullinie abweichend nach rechts vorne weist **(Abb. 4)**. Hikae werden noch zwei jeweils kürzere Tulpen als Beilinien zugeordnet, die nach rechts vorne zeigen **(Abb. 5)**. Decken Sie den Kenzan mit Kieselsteinen ab. Stellen Sie das fertige Arrangement an einen Platz, an dem es gut zur Geltung kommt. Dabei sollte das Gesteck mit der Sichtseite dem Betrachter zugewandt sein.

4 **Die Tulpe für Hikae um 75 Grad nach rechts vorne zeigend einstecken.**

5 **Eine zweite kurze Tulpe und eine dritte noch kürzere jeweils als Beilinie für Hikae einstecken.**

GRUNDSTIL **Aufrecht Nageire**

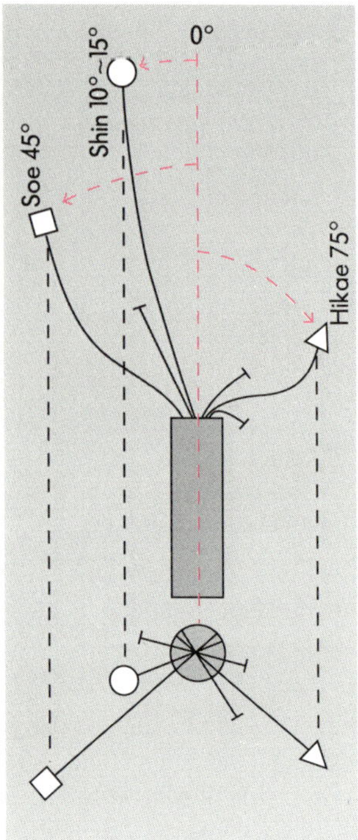

Material: Forsythienzweige, Rosen, Weidenast für das Stützholz

Gefäß: zylindrisch getormte Keramikvase

Befestigung: aufrecht stehendes Stützholz (Soegi-dome)

Seitenansicht

Wenden wir uns nun der Gestaltung eines Arrangements im aufrechten Grundstil für eine Vase zu, also einem, bei dem die Pflanzen die gleichen Stellungspositionen einnehmen wie beim Grundstil Aufrecht Moribana. Bei einem Vasenarrangement werden die verwendeten Pflanzen nicht mit einem Kenzan befestigt. Damit die Stiele trotzdem in der Vase einen Halt finden, verwenden wir hier ein **aufrecht stehendes Stützholz (Soegi-dome)** als Hilfsmittel (siehe auch Seite 30). Das gezeigte Arrangement ist im **Kleinen Maß** angefertigt worden (siehe Seite 16 f).

Grundregel:
Bei den Grundstilen (für Anfänger) werden Shin und Soe durch gleichartige Zweige, Hikae durch eine Hauptblume dargestellt.

Schritt für Schritt

Legen Sie alle Materialien, die Sie brauchen, bereit. Wichtig ist, daß die Stiel- und Zweigenden der Pflanzen jeweils unten schräg angeschnitten sind, damit sie später an der Innenseite der Vase gut anliegen können. Betrachten Sie das Diagramm genau.

Schneiden Sie den Weidenast für das Stützholz etwas weniger lang als die Vase hoch ist gerade ab, und legen Sie ihn zur Seite. Wählen Sie nun einen Forsythienzweig für **Shin** aus. Beim hier angewandten Kleinen Maß muß Shin so groß sein wie der Durchmesser und die Höhe der Vase zusammen lang sind. Halten Sie den Zweig in der gewünschten Winkelposition, also um 10 bis 15 Grad von der Nullinie abweichend nach links vorne geneigt, in die Vase. Die Länge des Zweigstücks, das in der Vase steht und nicht mehr zu sehen ist, rechnen Sie zur Höhe von Shin dazu. Kürzen Sie den Zweig auf diese Größe zu. Schneiden Sie den Zweig für Shin dann unten und den Weidenast für das **Stützholz** oben jeweils etwa 10 cm tief ein. Stellen Sie das Stützholz auf die Mitte des Vasenbodens, und stecken Sie das gegabelte Zweigende von Shin so in die Astgabel des Stützholzes, daß die Schnittfläche des Zweigendes an der Vaseninnenseite anliegt. Shin erhält als **Beilinie (Jushi)** einen kürzeren, nach links hinten geneigten Forsythienzweig, dessen ebenfalls eingeschnittenes Ende in die Zweiggabel von Shin gesteckt wird **(Abb. 1)**. Für **Soe**, die zweite Hauptlinie, die ¾ so lang wie Shin ist, stellen Sie einen weiteren am Stielende eingeschnittenen Forsythienzweig so in die Zweiggabel von Shin, daß er um 45 Grad von der Nullinie abweichend nach links vorne zeigt **(Abb. 2)**. **Hikae**, die dritte Hauptlinie, ist ¾ so lang wie Soe. Hikae ist hier eine am Stielende eingeschnittene Rose, die um 75 Grad von der Nullinie abweichend und nach rechts vorne zeigend in die Gabel von Shin eingesteckt wird **(Abb. 3)**. Eine weitere kürzere Rose und eine noch kürzere Rose werden jeweils als **Beilinie** zu Hikae eingestellt **(Abb.4)**. Vergessen Sie nicht, die Vase mit frischem Wasser zu füllen, und stellen Sie das fertige Arrangement zum Schluß an einen Platz, wo es gut zur Wirkung kommt.

1 Den Zweig für Shin in der Vase auf das Stützholz stecken.

2 Einen zweiten kurzen Zweig als Beilinie zu Shin sowie einen dritten für Soe befestigen.

3 Eine Rose für Hikae einstellen, die um 75 Grad nach rechts vorne geneigt am Stützholz in der Vase zu plazieren ist.

4 Eine zweite kürzere Rose und eine dritte noch kürzere jewells als Beilinie zu Hikae einstellen.

GRUNDSTIL **Geneigt Moribana**

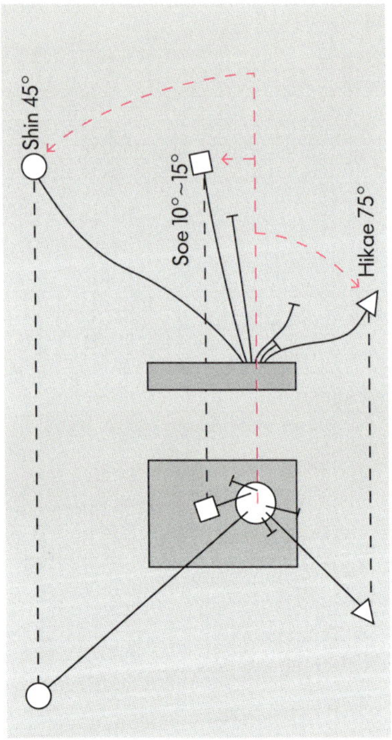

Material: Schlehenzweige, Rosen, Kieselsteine

Gefäß: rechteckige rustikale Keramikschale

Befestigung: Kenzan

Beim geneigten Grundstil tauschen die beiden Hauptlinien Shin und Soe im Vergleich zum aufrechten Grundstil ihre Positionen: Shin hat wie vorher Soe beim aufrechten Grundstil einen Neigungswinkel von 45 Grad, Soe einen Neigungswinkel von 10 bis 15 Grad, den beim aufrechten Grundstil Shin einnahm. Kennzeichnend ist, daß die Hauptlinien Shin und Soe nach links zeigen. Die Position der Hauptlinie Hikae bleibt unverändert – sie weist mit einem Neigungswinkel von 75 Grad nach rechts vorne. Da die geneigten Stile eine ausladendere Form haben, brauchen sie im Gegensatz zu den aufrechten Stilen mehr Platz in der Breite. Deshalb wird der **Kenzan** auf der hinteren **Position 3** in der Schale plaziert. Große buschige Zweige eignen sich für dieses Arrangement weniger.

Grundregel:
Bei den geneigten Stilformen wird Shin immer im vorderen Bereich des Kenzans eingesteckt (Ausnahme Variation 3), damit sich die Hauptlinien Shin und Soe nicht kreuzen.

Kenzanposition und Kenzaneinsteckpunkte:

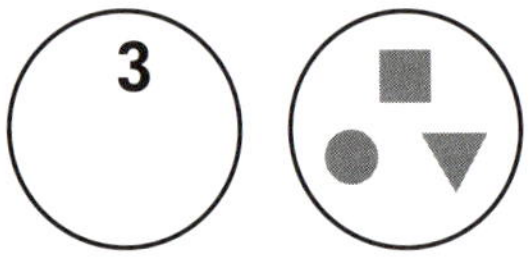

Schritt für Schritt

Legen Sie alle Materialien und Werkzeuge, die Sie benötigen, bereit: die Zweige, die Blumen, einen Behälter mit frischem Wasser, in den Sie die Pflanzen einstellen können, die ausgesuchte Schale, den Kenzan, die Ikebana-Schere und die Kieselsteine, die Sie zum abdecken des Kenzans brauchen.

Das auf diesen beiden Seiten gezeigte Arrangement wurde im **Standardmaß** gestaltet (siehe dazu auch Seite 16 f.). Plazieren Sie den **Kenzan** in der angegebenen **Position 3** im rechten hinteren Bereich der Schale, und füllen Sie sie mit frischem Wasser. Betrachten Sie das Diagramm ganz genau. Suchen Sie dann den Zweig für die Hauptlinie **Shin** aus. Entfernen Sie an ihm wie auch an allen anderen Pflanzen Seitenzweige und Blätter, die den Wachstumsverlauf des Hauptastes optisch stören könnten.

Stecken Sie den Schlehenzweig für Shin mit dem Stielende so auf den entsprechenden Einsteckpunkt auf den Kenzan, daß der Zweig um 45 Grad von der Nullinie abweichend nach links vorne zeigt **(Abb. 1)**. Der Zweig für **Soe** ist beim Kleinen Maß ¾ so lang wie Shin. Soe wird um 10 bis 15 Grad von der Nullinie abweichend nach links vorne weisend auf dem entsprechenden Einsteckpunkt des Kenzans plaziert **(Abb. 2)**. Ein unmittelbar neben Soe in den Kenzan eingesteckter kürzerer Zweig stellt seine unterstützende **Beilinie** dar **(Abb. 3)**. Die dritte Hauptlinie **Hikae**, die hier ¾ so lang ist wie Soe, wird durch eine Rose dargestellt. Plazieren Sie die Blume so auf dem entsprechenden Einsteckpunkt des Kenzans, daß sie um 75 Grad von der Nullinie abweichend nach rechts vorne zeigt **(Abb. 4)**. Hikae werden noch zwei weitere kürzere Rosen jeweils als **Beilinien** zugeordnet **(Abb. 5)**. Decken Sie den Kenzan mit Kieselsteinen ab.

Wenn Sie das fertige Arrangement betrachten, fällt Ihnen auf, daß sein optischer Schwerpunkt auf der linken Seite liegt. Wichtig ist, daß Shin hier, wie auch bei allen anderen geneigten Stilformen (mit Ausnahme von Variation 3, bei der Shin und Soe auseinanderstreben), immer im vorderen Bereich des Kenzans eingestellt wird, damit sich Shin nicht mit Soe kreuzt, was sehr unschön aussieht.

1 Den Zweig für Shin um 45 Grad nach links vorne zeigend einstecken.

2 Den Zweig für Soe um 10 bis 15 Grad nach links vorne zeigend einstecken.

3 Einen kurzen Zweig als Beilinie für Soe nach links hinten weisend einstecken.

4 Eine Rose für Hikae nach rechts vorne zeigend einstecken.

5 Zwei kürzere Rosen jeweils als Beilinie zu Hikae einstecken.

So sieht das fertiggesteckte Arrangement von der Seite betrachtet aus.

GRUNDSTIL **Geneigt Nageire**

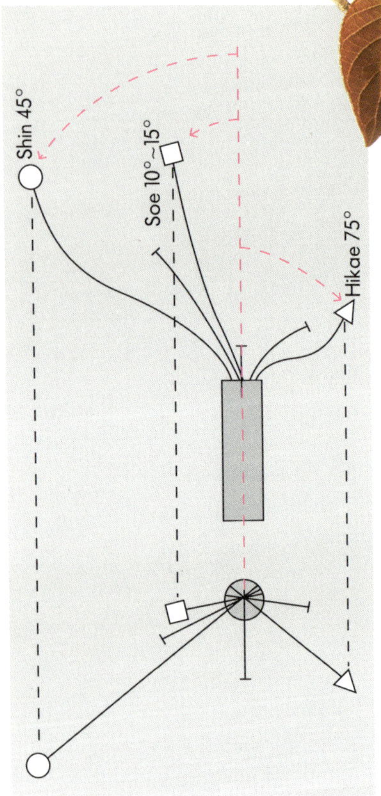

Material: Hortensienzweige, Pompomchrysanthemen, Weidenast für die Stützhölzer (Reifweide)

Gefäß: japanischer Bambuskorb

Befestigung: gekreuzte Stützhölzer (Jumonji-dome)

Bei einem Arrangement im geneigten Grundstil für die Vase stehen die drei Hauptlinien in den gleichen Stellungen wie bei einem Arrangement im geneigten Grundstil für eine Schale: Die Hauptlinie Shin weist mit einem Neigungswinkel von 45 Grad nach links vorne, die zweite Hauptlinie, Soe, mit einem von 10 bis 15 Grad ebenfalls nach links vorne und die dritte Hauptlinie, Hikae, mit einem Neigungswinkel von 75 Grad – genau wie beim aufrechten Grundstil – nach rechts vorne.
Wichtig ist, daß die beiden Hauptlinien Shin und Soe klar voneinander getrennt stehen. Als Hilfsmittel für die Befestigung der Pflanzenstiele in der Vase wurden hier **gekreuzte Stützhölzer, Jumonji-dome**, gewählt (siehe auch Seite 31) und zur Berechnung der Länge der Hauptlinien das **Standardmaß** (siehe auch Seite 16 f.) zugrunde gelegt. Stellen Sie erst den Zweig für die Linie Shin ein.

Grundregel:
Bei den Grundstilen für Vasenarrangements werden die verwendeten Zweige und Blumen möglichst rechts oder links und dicht nebeneinanderstehend im vorderen Gefäßbereich eingestellt.

1 Den Zweig für Shin um 45 Grad nach links vorne zeigend einstellen.

2 Den Zweig für Soe um 10 bis 15 Grad nach links vorne zeigend einstellen.

3 Einen kürzeren Zweig als Beilinie für Soe nach links vorne weisend einstellen.

Schritt für Schritt

Legen Sie alle Materialien und Werkzeuge, die Sie brauchen, bereit: die Zweige und die Blumen, einen Behälter mit frischem Wasser, in den Sie diese einstellen können, ferner einen etwa fingerdicken Weidenast für die beiden Stützhölzer, die Ikebana-Schere und die ausgesuchte Vase. Hier wurde ein japanischer Bambuskorb gewählt, in dessen Inneren sich ein zylindrisches Gefäß befindet.

Wichtig ist, daß die Stiel- und Zweigenden der verwendeten Pflanzen jeweils schräg angeschnitten sind, damit diese später gut an der Innenseite des Gefäßes anliegen können.

Schneiden Sie nun den Weidenast für die **Stützhölzer** in zwei Stücke, die jeweils etwas länger als der Innendurchmesser des Gefäßes sind. Das eine Astende muß schräg, das andere gerade angeschnitten sein. Befestigen Sie erst das schräg angeschnittene Aststück waagrecht zwischen den Vaseninnenwänden, so daß die Schnittfläche nach unten zeigt, und dann das andere Aststück über Kreuz darüber. Wählen Sie den Zweig für **Shin** aus. Beim hier angewandten **Standardmaß** muß Shin so groß sein wie 1½ x die Höhe und 1½ x der Durchmesser des Gefäßes zusammen (das in das Gefäß hineinragende Zweigstück mit dazurechnen). Halten Sie den Zweig für Shin um 45 Grad von der Nullinie abweichend nach links vorne geneigt in das Gefäß **(Abb. 1)**. Die Schnittfläche des Zweigendes muß dabei an der Gefäßinnenseite anliegen und der Zweig selbst am Kreuzpunkt der Stützhölzer aufliegen. Alle anderen Pflanzen werden ebenso befestigt. Für die zweite Hauptlinie, **Soe**, die hier ¾ so lang wie Shin ist, stellen Sie einen weiteren Zweig ein, der um 10 bis 15 Grad von der Nullinie abweicht und nach links vorne zeigt **(Abb. 2)**. Soe erhält einen kurzen nach links vorne weisenden Zweig als Beilinie **(Abb. 3)**. **Hikae**, die dritte Hauptlinie, ist ¾ so lang wie Soe. Sie ist durch eine Pompomchrysantheme dargestellt, die um 75 Grad von der Nullinie abweichend nach rechts vorne weist **(Abb. 4)**. Hikae werden zwei weitere, kürzere Chrysanthemen als **Beilinien** zugeordnet. Vergessen Sie nicht, das Gefäß mit frischem Wasser zu füllen, bevor Sie es an ausgesuchter Stelle plazieren.

4 Die Blume für Hikae um 75 Grad nach rechts vorne weisend einstecken.

So sieht das fertige Vasenarrangement von der Seite betrachtet aus.

VARIATIONEN

Nach dem Kennenlernen der Grundstile wenden wir uns auf den nun folgenden Seiten der Gestaltung der Grundstil-Variationen zu, die ebenfalls Bestandteile des Ikebana-Unterrichts bilden.

VARIATION 1

Aufrecht Moribana

Im Vergleich zum aufrechten Grundstil behalten bei der aufrechten Variation 1 alle drei Hauptlinien jeweils die gleichen Winkelgeraden bei, Shin neigt sich jedoch nicht nach links vorne, sondern nach rechts hinten. So entsteht ein großer Abstand zwischen der ersten Hauptlinie und der zweiten, die nach links vorne weist. Deshalb wird die Variation 1 Aufrecht auch als offene Stilform bezeichnet. Die Einsteckpunkte auf dem Kenzan und die Position des Kenzans in der Schale ist bei der aufrechten Variation 1 ebenfalls dieselbe wie beim aufrechten Grundstil.

Der **Kenzan** befindet sich bei Variation 1 Aufrecht Moribana im vorderen linken Schalenbereich auf **Position 1** bei einem Linksarrangement auf Position 2). Das abgebildete Gesteck wurde hier im **Kleinen Maß** gestaltet (siehe dazu auch Seite 16 f.).
Für Shin und für Soe wurden diesmal keine Zweige, sondern Schwertlilienblätter ausgewählt. Da ein Blatt alleine für die Darstellung einer Hauptlinie hier nicht ausdrucksstark genug ist, erhält es weitere Blätter zur Verstärkung zugeordnet. So stellen die Blätter als ganze Gruppen jeweils eine Hauptlinie dar. Da die zweite Hauptlinie etwas kompakter sein darf als die erste, wird bei ihr ein Blatt mehr eingesteckt.
Plazieren Sie den Kenzan auf der angegebenen Position in der Schale, und füllen Sie diese mit frischem Wasser. Schauen Sie sich dann das Diagramm genau an, und wählen Sie die Blätter für die Linie Shin aus. Shin ist beim Kleinen Maß so lang wie die Höhe und der Durchmesser des Gefäßes zusammen. Stecken Sie das längste Blatt um 10 bis 15 Grad von der Nullinie abweichend nach rechts hinten geneigt auf den entsprechenden Einsteckpunkt des Kenzans und die beiden anderen Blätter auch nach rechts hinten zeigend gestuft dazu. So verfahren Sie auch mit den Blättern für die Hauptlinie Soe, die ¾ so lang wie Shin ist und um 45 Grad von der Nullinie abweichend nach links vorne geneigt auf dem entsprechenden Einsteckpunkt des Kenzans plaziert wird. Shin und Soe erhalten jeweils einen kurzen Blasenstrauchzweig mit Schoten, dessen Blätter ausgelichtet wurden, als Beilinien. Stecken Sie eine Lilie für Hikae, die ¾ so lang wie Soe ist, so auf den entsprechenden Einsteckpunkt des Kenzans, daß sie um 75 Grad geneigt nach rechts vorne zeigt. Hikae erhält eine nach rechts vorne zeigende kürzere Lilie als Beilinie. Decken Sie den Kenzan zum Schluß mit Kieselsteinen ab.

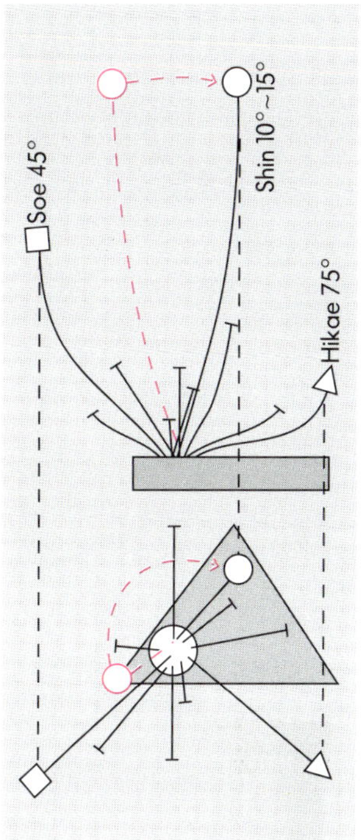

Material: Schwertlilienblätter, Zweige des Blasenstrauchs mit Schoten, Lilien

Gefäß: dreieckige Schale

Befestigung: Kenzan

Kenzanposition und Kenzaneinsteckpunkte:

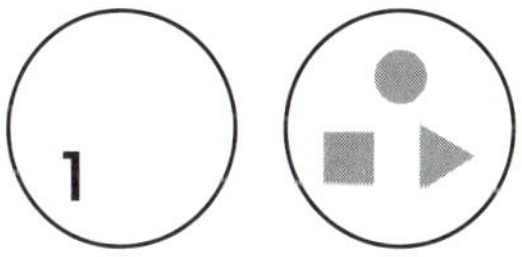

VARIATION 1

Aufrecht Nageire

Das hier abgebildete Arrangement wurde im **Mittleren Maß, dem Standardmaß** (siehe dazu auch Seite 16 f.) gestaltet. Für die Befestigung der Pflanzenstiele in der Vase dient ein **aufrecht stehendes Stützholz, Soegi-dome**, als Hilfsmittel. Fertigen Sie erst das Stützholz an, und befestigen Sie dann die Pflanzenstiele wie auf Seite 30 angegeben.

Betrachten Sie das Diagramm genau, und wählen Sie einen Ruskuszweig für die erste Hauptlinie Shin aus. Shin muß hier so lang wie 1½ x die Höhe und 1½ x der Durchmesser des Gefäßes zusammen sein (den in die Vase hineinragenden Stielteil dazurechnen). Stellen Sie den Zweig so in die Vase ein, daß er um 10 bis 15 Grad von der Nullinie abweichend nach rechts hinten geneigt ist.

Nehmen Sie einen weiteren Ruskuszweig für die Hauptlinie Soe, die ¾ so lang wie Shin ist. Stellen Sie den Zweig so in die Vase ein, daß er um 45 Grad von der Nullinie abweichend nach links vorne zeigt. Soe werden zwei kurze Milchsternblumen als Beilinien gestuft zugeordnet, die ebenfalls nach links vorne zeigen. Hikae, die dritte Hauptlinie, ist eine Lilie, die um 75 Grad von der Nullinie nach rechts vorne zeigend in die Vase gestellt wird. Eine weitere kurze, nach rechts vorne geneigte Lilie ist Hikae als Beilinie zugeordnet wie auch jeweils einige frische Bergenienblätter, die Sie nach Belieben und eigenem Geschmack locker am Vasenrand arrangieren können (diese sind nicht im Diagramm eingezeichnet). Nun brauchen Sie die Vase nur noch mit frischem Wasser aufzufüllen.

Bei der Variation 1 aufrecht für eine Vase nehmen die drei Hauptlinien dieselben Winkelpositionen ein wie bei einem gleichen Arrangement für die Schale. Shin hat einen für einen aufrechten Stil üblichen Neigungswinkel von 10 bis 15 Grad und weist bei Variation 1 nach rechts hinten.
Der Abstand zwischen Shin und Soe ist deutlich zu erkennen. Er entspricht fast genau dem von Soe zu Hikae, was einen ausgewogenen optischen Eindruck hervorruft.
Die Beilinien sind sehr kurz gehalten, so daß der Freiraum zwischen den Linien gut zur Geltung kommt.
Bei dieser großzügigen Gestaltung und offenen Form ist es auch möglich, verästelte Zweige und Blumen zu verwenden.

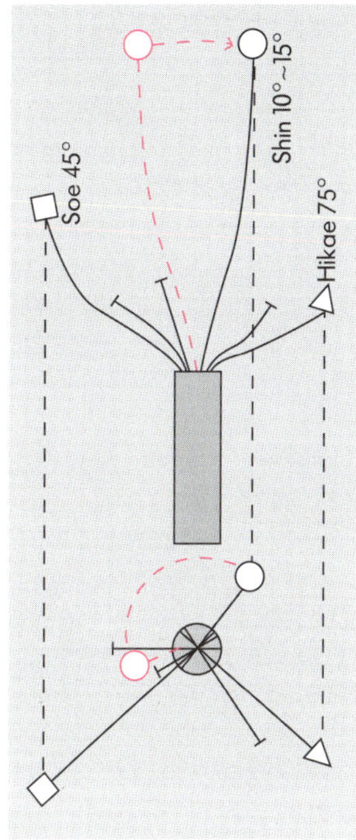

Material: Ruskuszweige, Milchsternblumen, Bergenienblätter, Lilien, Weidenast für das Stützholz

Gefäß: zylindrische Keramikvase (Christel Lauer)

Befestigung: vertikales Stützholz (Soegi-dome)

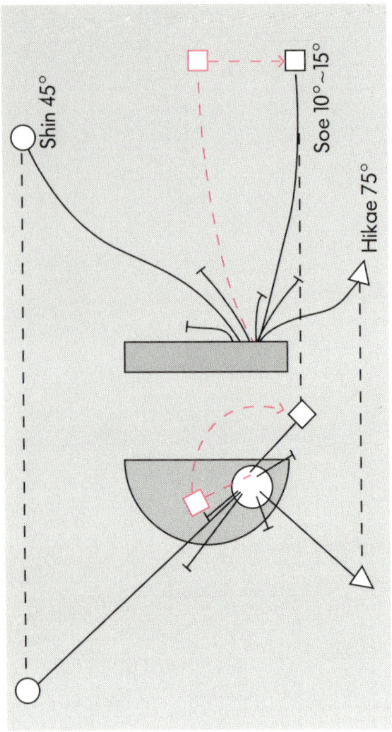

Material: Birkenzweige, Narzissen, Lavendelheide, Kieselsteine

Gefäß: schwarze und rote halbmondförmige Sogetsu-Schale (Kunststoff)

Befestigung: Kenzan

Kenzanposition und Kenzaneinsteckpunkte:

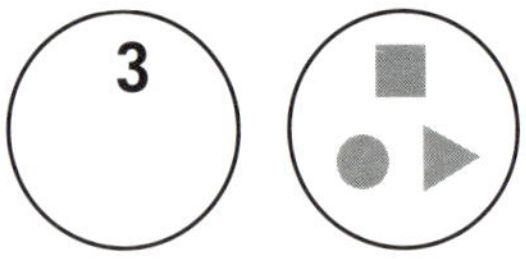

VARIATION 1

Geneigt Moribana

Auch bei diesem Arrangement ist der für die Variation 1 typische große Abstand zwischen Shin und Soe gut zu erkennen, weshalb hier auch von einer offenen Stilform gesprochen wird. Um dieses Gestaltungsprinzip optisch nicht zu stören, sollten die Beilinien, die Jushis, möglichst kurz sein. Der **Kenzan** befindet sich bei Variation 1 Geneigt Moribana im hinteren rechten Schalenbereich auf **Position 3** (bei einem Linksarrangement auf Position 4). Das abgebildete Gesteck wurde im **Mittleren Maß, dem Standardmaß** (siehe dazu auch Seite 16 f.) gestaltet.

Plazieren Sie den Kenzan auf der angegebenen Position in der Schale, und füllen Sie diese mit frischem Wasser. Betrachten Sie das Diagramm ganz genau, und wählen Sie dann einen Birkenzweig für die erste Hauptlinie Shin aus. Shin ist beim Mittleren Maß so lang wie 1½ x die Höhe und 1½ x der Durchmesser des Gefäßes zusammen. Stecken Sie den Zweig um 45 Grad von der Nullinie abweichend nach links vorne geneigt auf den entsprechenden Einsteckpunkt des Kenzans. Ein weiterer kurzer Birkenzweig wird Shin als Beilinie zugeordnet. Stecken Sie einen weiteren Birkenzweig für Soe, die ¾ so lang wie Shin ist, um 10 bis 15 Grad nach rechts hinten geneigt auf den entsprechenden Einsteckpunkt des Kenzans. Soe wird ebenfalls ein kurzer Birkenzweig als Beilinie zugeordnet. Hikae ist eine Narzisse, die ¾ so lang wie Soe sein muß. Stecken Sie sie um 75 Grad nach rechts vorne geneigt auf den entsprechenden Einsteckpunkt des Kenzans. Hikae erhält zwei jeweils kürzere Narzissen (gestuft) sowie Blätter der Lavendelheide als Beilinien zugeordnet (sind im Diagramm nicht eingezeichnet). Decken Sie den Kenzan mit den Kieselsteinen ab.

Die Stellung der Hauptlinien bei Variation 1 ist von der des jeweiligen Grundstils abgeleitet.
Kennzeichnend ist bei der aufrechten Variation 1, daß Shin nicht mehr um 10 bis 15 Grad nach links vorne, sondern nach rechts hinten geneigt steht. Da bei der geneigten Form Shin und Soe ihre Positionen tauschen, weist damit Shin bei der geneigten Variation 1 also mit einem Neigungswinkel von 45 Grad nach links vorne und Soe mit einem von 10 bis 15 Grad nach rechts hinten. Die dritte Hauptlinie bleibt unverändert.

VARIATION 1

Geneigt Nageire

Bei Variation 1 des geneigten Stils für ein Vasenarrangement gelten dieselben Bedingungen, also Stellungen und Winkelgerade der Hauptlinien, wie bei einem gleichen Arrangement für die Schale (siehe dazu auch Seite 47).
Beim Einstellen der Pflanzen sollten Sie darauf achten, daß sich alle Hauptlinien so einander zuneigen, als ob sie sich im oberen Bereich auf einer Kreislinie treffen würden. Da sich bei Variation 1 als offen gestalteter Stilform kaum die Gefahr einer Überschneidung der Pflanzenstiele für die Hauptlinien besteht, sind hier hinsichtlich der Auswahl des Pflanzenmaterials kaum Grenzen gesetzt.

Das hier abgebildete Arrangement wurde im **Mittleren Maß**, dem **Standardmaß** (siehe dazu auch Seite 16 f.) gestaltet. Für die Befestigung der Pflanzenstiele in der Vase dient ein **aufrecht stehendes Stützholz, Soegi-dome**, als Hilfsmittel. Fertigen Sie erst das Stützholz an, und befestigen Sie dann die Pflanzenstiele wie auf Seite 30 angegeben.
Betrachten Sie das Diagramm genau, und wählen Sie einen Weidenkätzchenzweig für die erste Hauptlinie Shin aus. Shin muß hier so lang wie 1½ x die Höhe und 1½ x der Durchmesser des Gefäßes zusammen sein (den in die Vase hineinragenden Stielteil dazurechnen). Stellen Sie den Zweig so in die Vase ein, daß er um 45 Grad von der Nullinie abweichend nach links vorne geneigt ist. Shin werden drei weitere kurze Zweige, ein Weidenkätzchen- und zwei Bergahornzweige, jeweils als Beilinien gestuft zugeordnet. Nehmen Sie einen weiteren Weidenkätzchenzweig für die Hauptlinie Soe, die ¾ so lang wie Shin ist. Stellen Sie den Zweig so in die Vase ein, daß er um 10 bis 15 Grad von der Nullinie abweichend nach rechts hinten zeigt. Soe wird im hinteren Bereich ein kurzer Weidenkätzchenzweig als Beilinie zugeordnet. Hikae, die dritte Hauptlinie, ist eine Ranunkel, die um 75 Grad von der Nullinie nach rechts vorne zeigend in die Vase gestellt wird. Zwei weitere, jeweils kürzere Ranunkeln werden Hikae als Beilinien gestuft zugeordnet wie auch einige kurze Azaleenzweige, die Sie locker am Vasenrand arrangieren können (diese sind nicht im Diagramm eingezeichnet). Nun brauchen Sie die Vase nur noch mit frischem Wasser aufzufüllen.

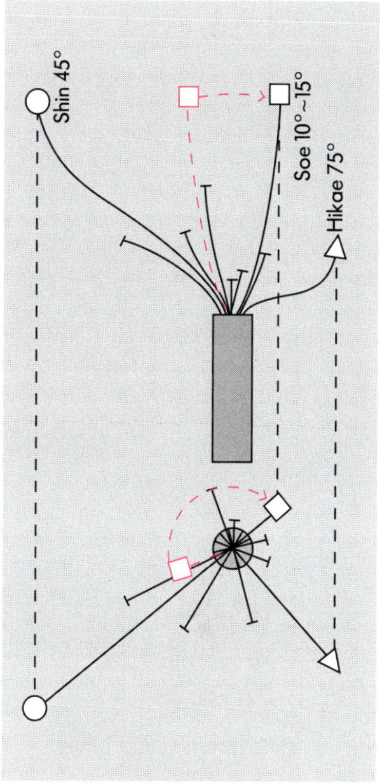

Material: Weidenkätzchen, Bergahorn, Ranunkeln, Azaleen, Weidenast für das Stützholz, als Dekoration zwei Bambusbrettchen

Gefäß: zylindrische braune Keramikvase

Befestigung: aufrecht stehendes Stützholz (Soegi-dome)

VARIATION 2

Aufrecht Moribana

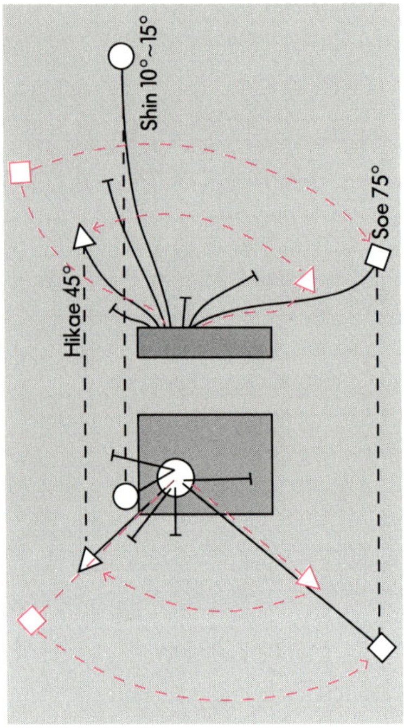

Material: Geißbart, Pfingstrosen, Kieselsteine

Gefäß: viereckige braune Keramikvase (von Christel Lauer)

Befestigung: Kenzan

Kenzanposition und Kenzaneinsteckpunkte:

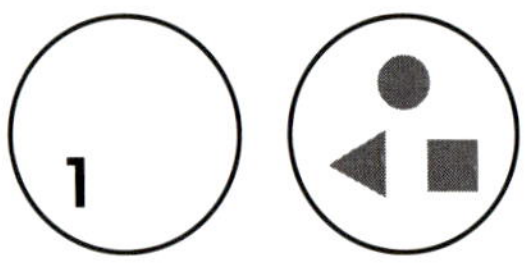

Der **Kenzan** befindet sich bei Variation 2 Aufrecht Moribana wie beim aufrechten Grundstil im vorderen linken Schalenbereich auf **Position 1** (bei einem Linksarrangement auf Position 2). Die Einsteckpunkte von Soe und Hikae auf dem Kenzan tauschen ihren Platz. Wählen Sie besonders ausdrucksstarke und schön gewachsene Pflanzen für die Hauptlinien aus. Das abgebildete Gesteck wurde im **Großen Maß** (siehe dazu auch Seite 16 f.) gestaltet.

Plazieren Sie den Kenzan auf der angegebenen Position 1 in der Schale, und füllen Sie diese mit frischem Wasser. Schauen Sie sich das Diagramm genau an. Wählen Sie dann einen Geißbart für die Linie Shin aus. Shin muß beim Großen Maß so lang sein wie 2 x die Höhe und 2 x der Durchmesser der Schale zusammen. Stecken Sie den Blumenstiel um 10 bis 15 Grad von der Nullinie abweichend und nach links vorne geneigt auf den angegebenen Einsteckpunkt des Kenzans. Shin wird im hinteren Bereich ein kürzerer Geißbart als Beilinie zugeordnet. Stecken Sie für Soe einen weiteren Geißbart, der hier ¾ so lang wie Shin ist, um 75 Grad von der Nullinie abweichend so auf den angegebenen Einsteckpunkt des Kenzans, daß er nach rechts vorne zeigt. Soe wird ebenfalls im hinteren Bereich ein kürzerer Geißbart als Beilinie zugeordnet. Hikae ist eine Pfingstrose, die Sie um 45 Grad nach links vorne geneigt auf dem angegebenen Einsteckpunkt des Kenzans plazieren. Hikae werden zwei weitere, jeweils kürzere Pfingstrosen im vorderen Bereich als Beilinien gestuft zugeordnet. Decken Sie den Kenzan ganz mit Kieselsteinen ab.

Die Variation 2 gehört mit zu den schönsten Stilformen überhaupt. Im Vergleich zum aufrechten Grundstil tauschen bei Variation 2 die beiden Hauptlinien Soe und Hikae ihre Positionen und Neigungswinkel: Soe weist mit 75 Grad nach rechts vorne und Hikae mit 45 Grad nach links vorne. Shin behält seine Position mit 10 bis 15 Grad nach links vorne geneigt bei. Bei dieser Stellung der Hauptlinien ist zwischen der fast senkrecht stehenden Shinlinie und der stark geneigten Soelinie ein großer Zwischenraum: Shin ist der hohe Berg und Soe das weite Tal, weshalb die Variation 2 auch als Berg- und Talstil bezeichnet wird.

Zweige mit Früchten wie die hier abgebildeten Johannisbeerzweige mit ihren leuchtend roten Beeren bieten sich für die Gestaltung eines sommerlichen oder eines herbstlichen Arrangements an. Lichten Sie die Zweige vor dem Einstellen in die Vase aus, so daß ihre natürliche Wachstumsform klar zu erkennen ist.

VARIATION 2
Aufrecht Nageire

Auch bei einem Arrangement im Stil von Variation 2 für eine Vase ist der große Freiraum zwischen Shin und Soe deutlich erkennbar. In diesen Bereich hinein sollten als Beilinien keine großen Blumen oder Zweige gestellt werden, um das vorhandene „Berg-und-Tal-Gefüge" nicht zu beeinträchtigen. Soe und Hikae tauschen im Vergleich zum aufrechten Grundstil ihre Positionen und ihre Neigungswinkel, Shin behält seine Stellung bei.

Das abgebildete Arrangement wurde im **Mittleren Maß**, dem **Standardmaß** (siehe auch Seite 16 f.), gestaltet. Als Hilfsmittel für die Befestigung der Pflanzenstiele in der Vase dienen zwei **gekreuzte Stützhölzer, Jumonji-dome**, die Sie zuerst anfertigen müssen. Dann befestigen Sie sie in der Vase und an ihnen die Pflanzenstiele, wie auf Seite 31 angegeben. Die Johannisbeerzweige sind so stabil, daß sie vor der Befestigung an den Stützhölzern jeweils am unteren Zweigende in der Mitte aufgespalten werden sollten.

Betrachten Sie das Diagramm ganz genau. Wählen Sie dann für Shin einen ausgeglichenen Johannisbeerzweig, an dem ausgewählte schöne Beeren hängen. Shin muß beim Mittleren Maß so lang wie 1½ x die Höhe und 1½ x der Durchmesser des Gefäßes zusammen sein (den in die Vase hineinragenden Stielteil immer dazurechnen). Befestigen Sie den Zweig so in der Vase an den Stützhölzern, daß er um 10 bis 15 Grad von der Nullinie abweichend nach links vorne geneigt ist. Shin erhält hier keine Beilinien, da die beiden Seitenäste des Zweiges diese Funktion einnehmen. Wählen Sie einen weiteren Johannisbeerzweig ohne Beeren für die Hauptlinie Soe aus, die ¾ so lang wie Shin ist. Befestigen Sie den Zweig so an der Zweiggabel von Shin, daß er um 75 Grad von der Nullinie abweichend nach rechts vorne zeigt. Soe erhält einen weiteren kurzen Johannisbeerzweig als Beilinie im hinteren Bereich. Hikae, die dritte Hauptlinie, ist eine Lilie, die ¾ so lang wie Soe ist und um 45 Grad von der Nullinie abweichend nach links vorne in der Vase plaziert wird. Hikae sind zwei weitere kürzere Lilien, von denen eine mit zwei Funkienblättern umhüllt ist, als Beilinien zugeordnet. Einige lose am Vasenrand drapierte Johannisbeertrauben greifen das Rot der Beeren von Shin wieder auf.

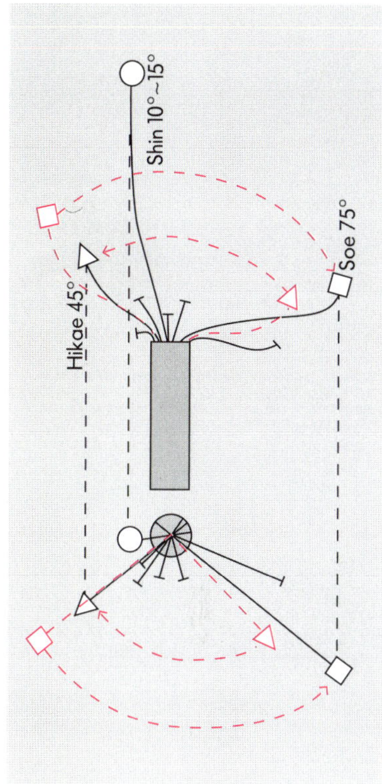

Material: Johannisbeerzweige, Lilien (Casablanca), Funkienblätter, ein Weidenast für die Stützhölzer

Gefäß: braune Keramikvase (von Christel Lauer)

Befestigung: gekreuzte Stützhölzer (Jumonji-dome)

Eine Gestaltung im Großen Maß betont die Großzügigkeit dieses Arrangements im Stil von Variation 2. Im Vergleich zum aufrechten Grundstil tauschen beim geneigten Shin und Soe ihre Plätze. Bei der geneigten Variation 1 steht Soe rechts von der Nullgradlinie. Bei Variation 2 tauschen Soe und Hikae im Vergleich zum aufrechten Grundstil ihre Plätze.

VARIATION 2

Geneigt Moribana

Für diese weit ausladende Stilform sollten Sie bizarr oder schwungvoll gewachsene Zweige oder Blumen wählen. Besonders schön wirken exotische Arten wie die hier verwendeten orientalischen Mohnblumenkapseln, aber auch Orchideen mit ausdrucksstarken Blüten.

Exotische Pflanzen, die Sie in Ihrem Blumenladen oder in Ihrer Gärtnerei bekommen können, lassen sich ohne weiteres mit einheimischen kombinieren. Oft liegt gerade in einer solchen Zusammenstellung der besondere Reiz eines Arrangements.

Achten Sie bei der Auswahl der Zweige, der Blätter und der Blumen auf eine harmonische Abstimmung ihrer Formen und Farben untereinander. Zweige sollten Sie in der Regel vor dem Einstecken in den Kenzan oder dem Einstellen in die Vase auslichten, damit ihre natürliche Wachstumsform besser zur Geltung kommt.

Das hier abgebildete Arrangement wurde im **Großen Maß** (siehe auch Seite 16 f.) gestaltet. Plazieren Sie den **Kenzan** auf **Position** 3 (bei einem seitenverkehrten Arrangement auf Position 4) in der Schale, und füllen Sie diese mit Wasser auf.

Betrachten Sie das Diagramm genau. Wählen Sie einen Brombeerzweig für Shin, der so lang wie 2 x die Höhe und 2 x der Durchmesser des Gefäßes zusammen ist. Stecken Sie den Zweig um 45 Grad nach links vorne geneigt auf den Kenzan. Shin erhält im hinteren Bereich einen kürzeren Zweig als Beilinie und im vorderen zwei Mohnblumenkapseln als Beilinien zugeordnet. Soe ist ¾ so lang wie Shin und wird um 75 Grad nach rechts vorne geneigt auf dem Kenzan plaziert. Soe erhält im hinteren Bereich eine Mohnblumenkapsel als Beilinie. Hikae ist eine Calla, die ¾ so lang wie Soe ist und um 10 bis 15 Grad nach links vorne geneigt auf den Kenzan gesteckt wird. Vier weitere, jeweils kürzere Callas sind Hikae als Beilinien gestuft zugeordnet. Decken Sie den Kenzan mit Kieselsteinen ab.

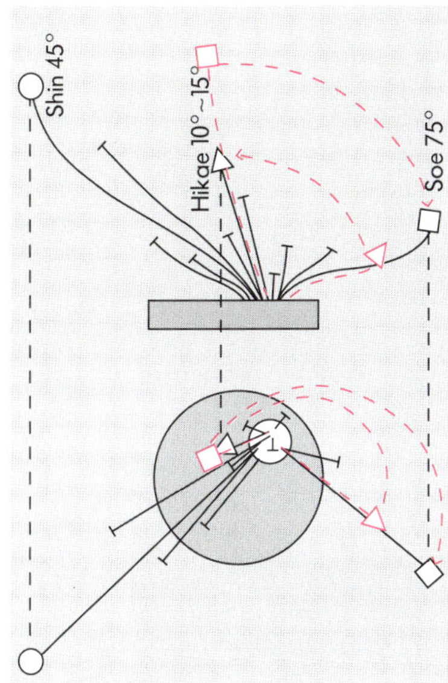

Material: Brombeerzweige, orientalische grüne Mohnblumenkapseln mit Stielen, Calla, Kieselsteine

Gefäß: braune runde Keramikschale (von Christel Lauer)

Befestigung: Kenzan

Kenzanposition und Kenzaneinsteckpunkte:

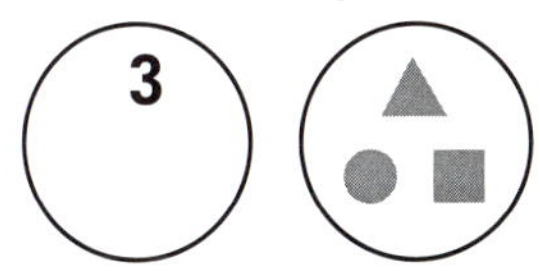

Von allen Variationen ist die Variation 2 Geneigt Nageire diejenige, die am meisten Raum beansprucht, woran Sie bei der Plazierung des fertigen Arrangements denken sollten. Deshalb wird sie meist im Kleinen oder im Mittleren Maß gestaltet. Der Freiraum zwischen Shin und Soe ist sehr groß, so daß Hikae möglichst kompakt sein sollte, um dem Arrangement eine optische Schwere zu geben. Hier bietet sich eine Gestaltung mit großen Einzelblüten oder mehrblütigen Dolden an.

VARIATION 2
Geneigt Nageire

Das hier abgebildete Arrangement wurde im **Mittleren Maß**, dem **Standardmaß** (siehe auch Seite 16 f.), gestaltet. Als Hilfsmittel für die Befestigung der Pflanzenstiele in der Vase dienen hier **gekreuzte Stützhölzer**, **Jumonji-dome**, die Sie zuerst anfertigen müssen. Dann befestigen Sie sie in der Vase und an ihnen die Pflanzenstiele wie auf Seite 31 angegeben. Die Zweige der Korkenzieherhasel müssen vor der Befestigung jeweils erst am unteren Zweigende aufgespalten werden.

Betrachten Sie das Diagramm genau. Wählen Sie dann einen schön geformten Zweig für die Hauptlinie Shin aus, die beim Mittleren Maß so lang wie 1½ x der Durchmesser und 1½ x die Höhe des Gefäßes zusammen ist (den in die Vase hineinragenden Stielteil immer dazurechnen). Befestigen Sie den Zweig so in der Vase an den Stützhölzern, daß er um 45 Grad nach links vorne geneigt ist.

Wählen Sie nun einen weiteren Korkenzieherhaselzweig für die Hauptlinie Soe aus, die ¾ so lang wie Shin ist. Befestigen Sie das gespaltene Zweigende von Soe so an der Zweiggabel von Shin, daß Soe um 75 Grad nach rechts vorne geneigt ist.

Hikae, die dritte Hauptlinie, eine Azalee, ist ¾ so lang wie Soe und um 10 bis 15 Grad nach links vorne zeigend in der Vase plaziert. Hikae werden eine weitere kürzere Azalee sowie eine fast geschlossene Azaleenknospe jeweils als Beilinie gestuft zugeordnet.

Füllen Sie die Vase, die hier auf einem schwarzen japanischen Lacktablett steht, mit frischem Wasser.

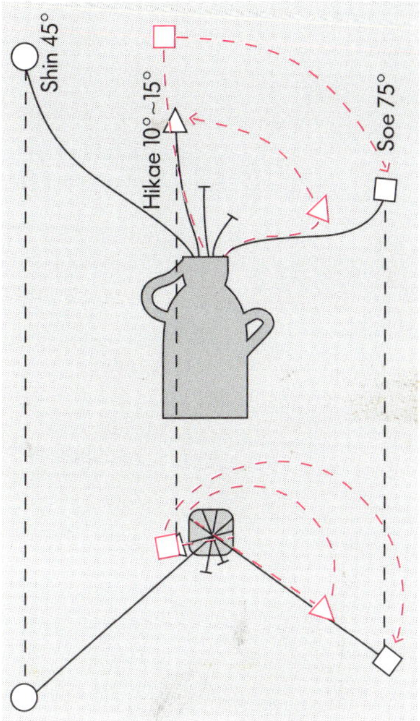

Material: Zweige der Korkenzieherhasel, Azaleen, Weidenast für die Stützhölzer

Gefäß: braune japanische Keramikvase

Befestigung: gekreuzte Stützhölzer (Jumonji-dome)

VARIATION 3

Aufrecht Moribana

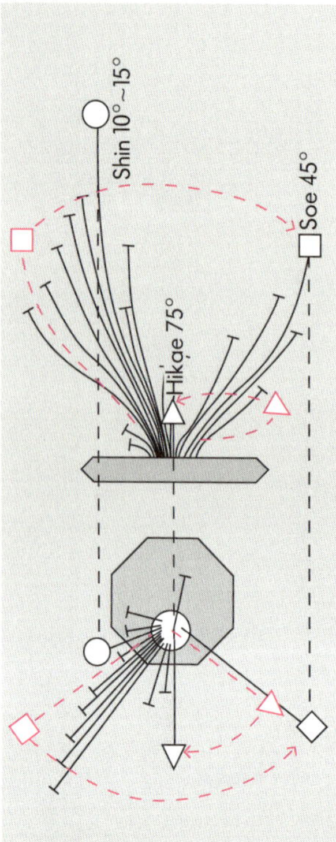

Da die drei Hauptlinien bei Variation 3 jeweils in eine andere Richtung zeigen, nämlich nach links, nach rechts und nach vorne, spricht man hier auch von „Pflanzen in drei Wegen".
Verwenden Sie als Material für Variation 3 nur grazile Blumen, Blätter und Zweige. Die Form des Arrangements soll den Eindruck eines geöffneten Fächers vermitteln. Variation 3 eignet sich aufgrund ihrer räumlichen Gestaltung auch als Tischarrangement.
Das Besondere bei dem hier gezeigten, im **Kleinen Maß** (siehe dazu auch Seite 16 f.) gestalteten Arrangement ist sein **Duft**, da hier aromatische Kräuter wie Thymian und Minze Verwendung fanden. Anstelle der angegebenen Sorten können Sie nach Belieben auch andere wie zum Beispiel Schnittlauch, Waldmeister, Estragon, Majoran oder Rosmarin nehmen und so ein Gesteck mit einer selbst gewählten individuellen Duftnote kreieren.
Plazieren Sie den **Kenzan** auf der angegebenen **Position 5** (bei einem seitenverkehrten Arrangement auf der gleichen Position) in der Schale, und füllen Sie diese mit frischem Wasser. Schauen Sie sich das Diagramm genau an. Wählen Sie nun für die Linie Shin einen blühenden Petersilienstengel aus, der so lang wie 1 x der Durchmesser und 1 x die Höhe des Gefäßes zusammen ist. Plazieren Sie die Petersilie so auf dem Kenzan, daß sie um 10 bis 15 Grad geneigt nach links vorne zeigt. Shin werden beliebig viele Kräuter und Margeriten als Beilinien gestuft zugeordnet, die jeweils etwas kürzer als die vorher eingesteckten sind. Soe ist ebenfalls ein Petersilienstengel, der ¾ so lang wie Shin ist und um 45 Grad geneigt nach rechts vorne zeigt. Drei Margeriten und eine Minze stellen die Beilinien für Soe dar. Hikae ist ein rotes Löwenmäulchen, das Sie genau in der Mitte des Arrangements um 75 Grad nach vorne, also auf den Betrachter zugeneigt, auf dem Kenzan plazieren. Weitere kürzere Löwenmäulchen sind Hikae jeweils als Beilinie gestuft zugeordnet. Decken Sie den Kenzan mit Kieselsteinen ab, und plazieren Sie das Arrangement an ausgesuchter Stelle.

Material: blühende Petersilie, Thymian, Roßminze, Margeriten, Löwenmäulchen, Kieselsteine

Gefäß: achteckige weiße Keramikschale

Befestigung: Kenzan

Kenzanposition und Kenzaneinsteckpunkte:

Shin behält bei Variation 3 Aufrecht die gleiche Position und den gleichen Neigungswinkel wie beim aufrechten Grundstil bei. Soe hat bei Variation 3 Aufrecht, wie auch beim aufrechten Grundstil, einen Neigungswinkel von 45 Grad und Hikae einen von 75 Grad. Beide Hauptlinien nehmen jedoch eine andere Position ein: Soe steht rechts und nicht links von der Nullgradlinie, Hikae genau in der Mitte des Arrangements auf der Nullgradlinie und zeigt nach vorne auf den Betrachter. Dies wird deutlicher, wenn Sie sich einen wie auf Seite 20 gezeigten Winkelgradmesser vorstellen, der im Halbkreis von vorne nach hinten genau über der Vase verläuft.

VARIATION 3

Aufrecht Nageire

Das hier abgebildete Arrangement wurde im **Kleinen Maß** (siehe auch Seite 16 f.) gestaltet. Die filigranen Gräser (Wiesenhafer) und das zarte Schleierkraut betonen die Leichtigkeit dieser Stilform, die bizarr geformten Kletten und die leuchtend roten Rosen setzen Form- und Farbakzente. Alle verwendeten Pflanzen sollten in der Vase fächerförmig in drei Richtungen angeordnet sein, also nach links, nach rechts und nach vorne zeigen. Fertigen Sie erst das **aufrecht stehende Stützholz, Soegi-dome** (siehe auch Seite 30) an, und befestigen Sie dann daran die Pflanzenstiele.

Schauen Sie sich das Diagramm genau an. Wählen Sie eine Klette für Shin aus, deren unteren Teil Sie auslichten. Shin ist hier so lang wie 1 x der Durchmesser und 1 x die Höhe des Gefäßes zusammen (den in die Vase hineinragenden Stielteil immer dazurechnen). Befestigen Sie das Stielende der Klette so am Stützholz in der Vase, daß diese um 10 bis 15 Grad nach links vorne geneigt ist. Shin wird jeweils eine weitere kürzere Klette sowie ein kürzeres Gras im hinteren und im vorderen Bereich als Beilinie zugeordnet. Nehmen Sie nun eine weitere Klette für Soe, die ¾ so lang wie Shin ist, und plazieren Sie diese um 45 Grad nach rechts vorne geneigt in der Vase. Zwei weitere kürzere Kletten werden Soe im hinteren Bereich und ein Gras im vorderen jeweils als Beilinie zugeordnet. Hikae ist eine Rose, die ¾ so lang wie Soe und, genau in der Mitte des Arrangements plaziert, um 75 Grad nach vorne geneigt ist, sich also direkt dem Betrachter zuwendet. Zwei weitere Rosen sind Hikae jeweils als Beilinie zugeordnet, von denen eine sehr kurz ist und stark nach vorne geneigt neben Hikae gestellt wird. Die dritte Rose ist länger und steht fast senkrecht in der Vase. Füllen Sie diese mit frischem Wasser auf, und ordnen Sie abschließend um alle drei Hauptlinien das Schleierkraut an (ist nicht im Diagramm eingezeichnet).

Wie bei Variation 3 Aufrecht Moribana steht Shin bei dem gleichen Stil für Nageire mit einem Neigungswinkel von 10 bis 15 Grad nach links vorne geneigt im Gefäß. Soe zeigt mit einem Neigungswinkel von 45 Grad nach der rechten Seite, Hikae wendet sich mit einem Neigungswinkel von 75 Grad nach rechts vorne und damit direkt dem Betrachter zu. Die drei Hauptlinien, die jeweils in eine andere Richtung zeigen, sollten klar zu erkennen sein.

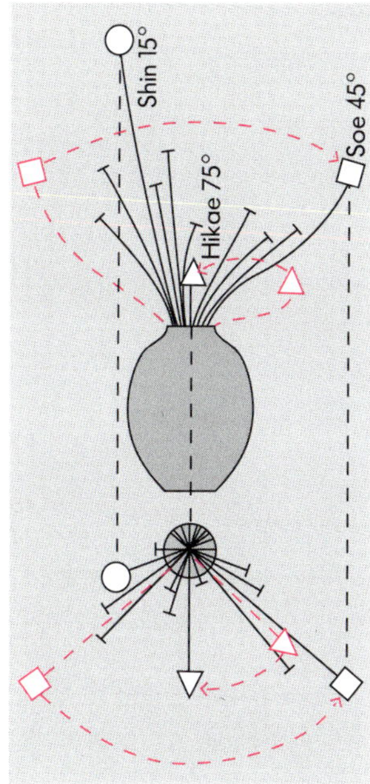

Material: Kletten, Rosen, Wiesenhafer, Schleierkraut, Weidenast für das Stützholz

Gefäß: runde türkisfarbene Keramikvase

Befestigung: aufrecht stehendes Stützholz (Soegi-dome)

Im Vergleich zum geneigten Grundstil wechselt Soe hier bei einem gleichbleibenden Neigungswinkel von 10 bis 15 Grad seine Position nach rechts vorne. Shin ist mit 45 Grad nach links vorne geneigt, behält also seinen Neigungswinkel und seine Position bei. Hikae neigt sich — wie für Variation 3 charakteristisch — um 75 Grad nach vorne, direkt auf den Betrachter zu. Bei dem hier abgebildeten Arrangement handelt es sich um eine seitenverkehrte Form der Variation 3, bei der Shin rechts von der Nullgradlinie und Soe links davon plaziert ist.

VARIATION 3

Geneigt Moribana

Das links abgebildete Arrangement wurde **seitenverkehrt** als **Gyakugatte** (siehe auch Seite 21) gestaltet.
Im Vergleich zur aufrechten Form der gleichen Variation (siehe Seite 60/61) ist die geneigte „weicher" und weniger spannungsreich. Die drei Hauptlinien zeigen wie für Variation 3 charakteristisch jeweils in drei verschiedene Richtungen, also nach links, nach rechts und nach vorne, so daß das fertige Arrangement, vom Betrachter aus gesehen, drei Schauseiten hat („Pflanzen in drei Wegen"). Die möglichst filigranen Pflanzen sollen so angeordnet sein, daß das farbig gestaltete Gesteck wie ein geöffneter Fächer wirkt.
Das hier abgebildete Arrangement wurde im allgemein üblichen **Standardmaß** (siehe auch Seite 16 f.) gestaltet.
Stellen Sie nun den Kenzan auf die angegebene **Position** 7 in der Schale (bei einer Hongatte ebenfalls auf dieser Position), und füllen Sie diese mit frischem Wasser. Betrachten Sie das Diagramm genau. Wählen Sie dann einen behaarten Zweig für Shin aus, der so lang wie 1½ x die Höhe und 1½ x der Durchmesser des Gefäßes zusammen ist. Stecken Sie das Zweigende so auf den Kenzan, daß er um 45 Grad nach rechts vorne geneigt ist.
Shin werden zwei weitere, sehr kurze Zweige des Perückenstrauches jeweils im hinteren Bereich als Beilinie zugeordnet.
Nehmen Sie nun für Soe einen behaarten Zweig, der ¾ so lang wie Shin ist und um 10 bis 15 Grad nach links vorne geneigt auf den Kenzan gesteckt ist. Soe sind zwei weitere Zweige jeweils im hinteren Bereich als Beilinie zugeordnet. Hikae ist eine Lilie, die ¾ so lang wie Soe ist und um 75 Grad geneigt nach vorne auf den Betrachter zeigt. Hikae werden im hinteren Bereich zwei jeweils kürzere Lilien als Beilinie gestuft zugeordnet. Decken Sie den Kenzan mit Kieselsteinen ab, und plazieren Sie das fertige Arrangement an einer Stelle, wo es gut zur Wirkung kommt.

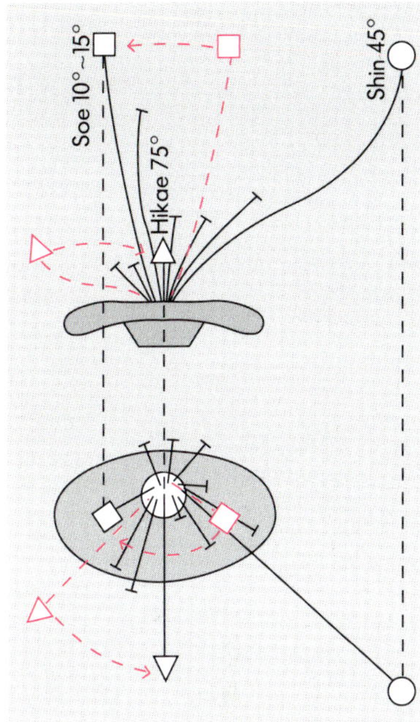

Material: Zweige des Perückenstrauchs, Lilien, Kieselsteine

Gefäß: runde Keramikschale mit heruntergezogenem Rand (von Christel Lauer)

Befestigung: Kenzan

Kenzanposition und Kenzaneinsteckpunkte:

Für die geneigte Variation 3 Nageire gelten dieselben gestalterischen Regeln wie für die gleiche Stilform als Schalenarrangement (siehe Seite 64/65), also Stellungen der Hauptlinien und Größen der Neigungswinkel. Bei dem hier abgebildeten Arrangement handelt es sich um eine seitenverkehrte Form, bei der Shin rechts von der Nullgradlinie und Soe links davon steht.

VARIATION 3

Geneigt Nageire

Das abgebildete Arrangement wurde **seitenverkehrt** als **Gyakugatte** (siehe auch Seite 21), und im **Kleinen Maß** (siehe auch Seite 16 f.) gestaltet. Alle verwendeten Pflanzen, die diesmal **ohne Hilfsmittel** in der Vase befestigt sind (siehe auch **Jikae-dome** Seite 31), sollen so im Gefäß angeordnet sein, daß sie wie aus einem Punkt kommend fächerförmig in drei Richtungen zeigen, also nach links, nach rechts und nach vorne. Die Hauptlinien Shin und Soe heben sich deutlich von dem kompakt gestalteten unteren Teil des Arrangements ab.
Schauen Sie sich das Diagramm genau an. Wählen Sie einen Sauerampfer für Shin aus, der so lang wie 1 x die Höhe und 1 x der Durchmesser des Gefäßes zusammen ist. Stellen Sie den Sauerampfer so in die Vase, daß die Pflanze um 45 Grad nach rechts geneigt ist. Shin wird im hinteren Bereich eine Iris und im vorderen ein kürzerer Sauerampfer jeweils als Beilinie zugeordnet. Plazieren Sie für Soe einen weiteren Ampfer, der ¾ so lang wie Shin ist, um 10 bis 15 Grad nach links vorne geneigt in der Vase. Soe wird im hinteren Bereich ein kürzerer Ampfer und im vorderen eine Iris jeweils als Beilinie zugeordnet. Hikae ist eine Lilie, die ¾ so lang wie Soe ist und genau in der Mitte des Arrangements um 75 Grad nach vorne geneigt ist, sich also direkt dem Betrachter zuwendet. Eine weitere kürzere Lilie sowie eine Iris werden Hikae jeweils im linken vorderen Bereich als Beilinien zugeordnet. Füllen Sie nun die Vase mit frischem Wasser.

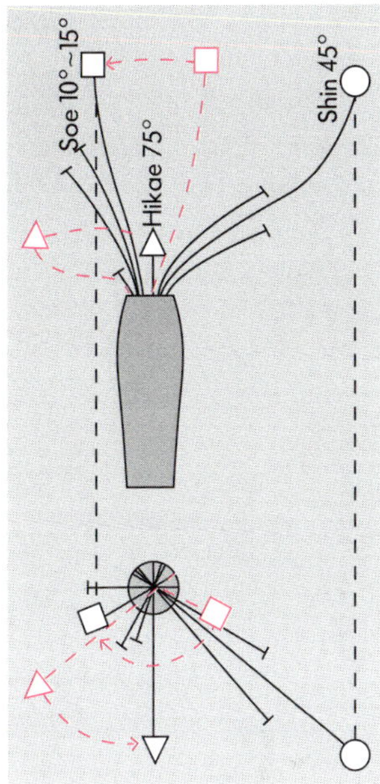

Material: blühender Sauerampfer, Iris, Lilien

Gefäß: alte japanische Bronzevase

Befestigung: ohne Hilfsmittel (Jikae-dome)

VARIATION 3

Hängend Nageire

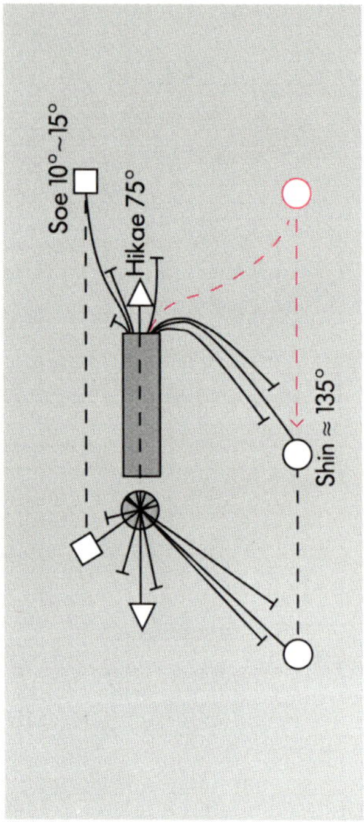

Material: Asparaguszweige, Iris, Zierquittenzweige mit grünen Quitten

Gefäß: zylindrische braune Keramikvase (von Christel Lauer)

Befestigung: aufrecht stehendes Stützholz (Soegi-dome)

Das hier abgebildete Arrangement wurde im **Standardmaß** (siehe auch Seite 16 f.) und **seitenverkehrt** als **Gyakugatte** gestaltet: Shin steht nicht wie bei der Standardform links, sondern rechts von der Nullgradlinie, und Soe nicht rechts, sondern links von ihr (bei jeweils gleichbleibendem Neigungswinkel).

Bei einer hängenden Form eignet sich für Shin eine Pflanzenart, die nach unten gewachsen ist, wie zum Beispiel der hier verwendete Asparagus, aber auch der Geißbart, Bougainvillea, Efeu, Wilder Wein (Weinreben), die Waldrebe oder die Zwergmispel. In der Vase plaziert, sollte die gewählte Pflanze nicht formlos nach unten hängen, sondern in einer schwungvollen oder kaskadenartig verlaufenden Linie gestaltet sein.

Fertigen Sie zuerst das **aufrecht stehende Stützholz, Soegi-dome** (siehe auch Seite 30) an, und befestigen Sie dann daran die Pflanzenstiele wie angegeben.

Schauen Sie sich das Diagramm genau an. Wählen Sie einen Asparaguszweig für Shin aus, der so lang wie 1½ x die Höhe und 1½ x der Durchmesser des Gefäßes zusammen ist. Plazieren Sie den Asparagus so in der Vase, daß er um etwa 135 Grad (hier etwas mehr) geneigt am Vasenrand nach unten hängt. Shin wird ein weiterer kürzerer Asparagus im hinteren und einer im vorderen Bereich jeweils als Beilinie zugeordnet. Soe ist eine Iris, die ¾ so lang wie Shin ist. Befestigen Sie ihr Stielende so in der Vase am Stützholz, daß die Blume um 10 bis 15 Grad nach links vorne geneigt ist. Soe wird im hinteren Bereich ein sehr kurzer Zierquittenzweig als Beilinie zugeordnet. Hikae ist eine Iris, ¾ so lang wie Soe, die in der Mitte des Arrangements plaziert und um 75 Grad nach vorne, also direkt auf den Betrachter zugeneigt ist. Hikae wird im hinteren Bereich ein Quittenzweig mit Quitten und im vorderen eine Iris jeweils als Beilinie zugeordnet. Füllen Sie die Vase zum Schluß noch mit frischem Wasser.

Ein Arrangement für die Vase kann man auch als hängende Form gestalten. Diese Stilform leitet sich von der geneigten Grundform ab, bei der Shin um 45 Grad geneigt ist. Bei einer hängenden Form ist der Neigungswinkel von Shin größer, der etwa 90 bis 135 Grad beträgt. Hängende Formen sind bei den geneigten Variationen 3, 4 und 6 für Nageire möglich.

VARIATION 4
Aufrecht Moribana

Bei der für die Variationen 4 charakteristischen Reduzierung der gestalterischen Elemente auf nur jeweils **zwei Hauptlinien** kommt diesen eine doppelte Bedeutung zu. Shin sollte daher durch einen besonders schön geschwungenen Zweig oder, wie bei dem hier abgebildeten Arrangement, durch ein ausdrucksstarkes Blatt dargestellt werden, die für Hikae gewählten Pflanzen kompakt und nicht zu lang sein. Hinzugefügte Beilinien, die Jushis, sind so anzuordnen, daß sie nicht mit der Hauptlinie Soe verwechselt werden können.

Das hier abgebildete Arrangement wurde im **Kleinen Maß** (siehe auch Seite 16 f.) gestaltet. Plazieren Sie den **Kenzan** auf **Position 1** (bei einem seitenverkehrten Arrangement auf Position 2) in der Schale, und füllen sie diese mit frischem Wasser. Wählen Sie dann ein schön gewachsenes Aspidisterablatt für Shin aus, das hier so lang wie 1 x die Höhe und 1 x der Durchmesser des Gefäßes zusammen ist. Stecken Sie den Blattstiel so auf den Kenzan, daß das Blatt um 10 bis 15 Grad nach links vorne geneigt ist. Shin wird im hinteren Bereich ein weiteres kürzeres Blatt als Beilinie zugeordnet. Nehmen sie für Hikae eine Lilie, die ⅓ so lang wie Shin ist. Plazieren Sie sie so auf dem Kenzan, daß sie um 75 Grad nach rechts vorne geneigt ist. Die hier gewählte Lilie ist ein Seitentrieb (deren Hauptstiel gekürzt wurde) mit einer Blüte und mit Blättern. Hikae werden im linken vorderen Bereich zwei weitere, kürzere Lilien als Beilinien gestuft zugeordnet, von denen eine Lilie ein Seitentrieb mit einer Blüte, mit einer Knospe und mit einem Blatt ist. Decken Sie den Kenzan mit Kieselsteinen ab, und plazieren Sie das fertige Arrangement an einer ausgesuchten Stelle, zum Beispiel auf einer schönen Kommode, wo es gut zur Wirkung kommt.

Kennzeichnend für alle Variationen 4 ist, daß sie jeweils mit nur zwei Hauptlinien gestaltet sind. Auf die Linie Soe, den „Menschen", wird ganz verzichtet, so daß nur Shin, der Himmel, und Hikae, die Erde, miteinander in Beziehung treten. Deshalb wird die Variation 4 auch das Arrangement der Demut genannt, mit dessen Gestaltung der Eindruck von Schlichtheit erweckt werden soll.

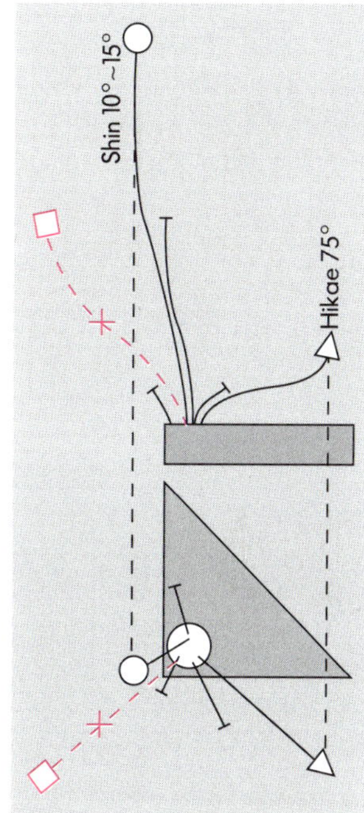

Material: Aspidisterablätter, Lilien, Kieselsteine

Gefäß: dreieckige Sogetsu-Schale (Kunststoff)

Befestigung: Kenzan

Kenzanposition und Kenzaneinsteckpunkte:

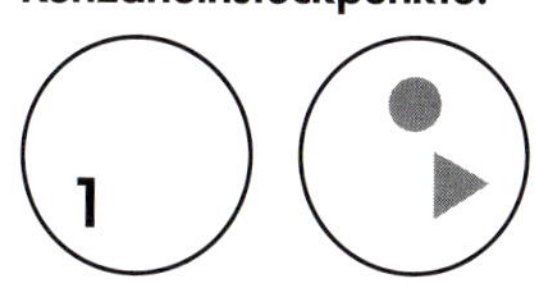

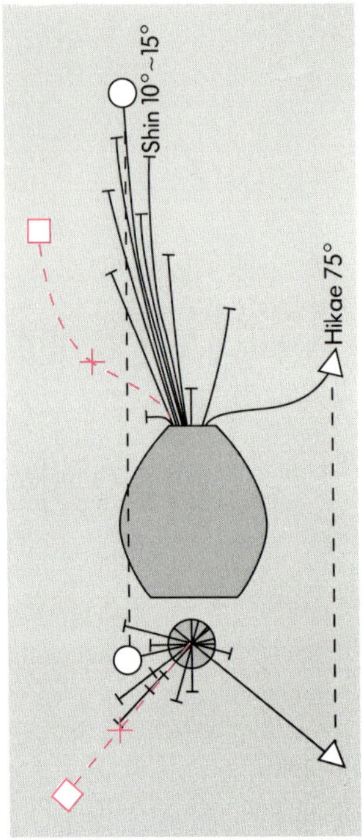

Material: Schachtelhalme, Schwertlilienblätter, Traubenholunderzweige mit roten Beeren, Mädchenaugen, Sonnenblumen, Weidenast für das Stützholz

Gefäß: geflochtener Bambuskorb (mit zylindrischem Gefäß aus Kunststoff)

Befestigung: aufrecht stehendes Stützholz (Soegi-dome)

VARIATION 4

Aufrecht Nageire

Das hier abgebildete Arrangement wurde im **Großen Maß** gestaltet (siehe auch Seite 16 f.). In der Mitte des Bambuskorbes befindet sich ein zylindrisches Gefäß, in welchem die Pflanzen mit Hilfe eines **aufrecht stehenden Stützholzes, Soegi-dome** (siehe auch Seite 30) befestigt sind.

Die Stiele der Schachtelhalme werden bis auf einen Stiel vor dem Einstellen in das Gefäß jeweils an der Spitze beschnitten. Entlauben Sie die Zweige des Traubenholunders, und entfernen Sie seine Seitentriebe, so daß nur noch die roten Beeren an den Zweigen hängen. Die Blütenblätter der Sonnenblumenblüten wurden ebenfalls ausgelichtet.

Fertigen Sie zuerst das Stützholz an, und befestigen Sie dann daran wie auf Seite 30 beschrieben die Pflanzenstiele.

Schauen Sie sich das Diagramm genau an. Wählen Sie dann einen Schachtelhalm für Shin aus, der so lang wie 1½ x die Höhe und 1½ x der Durchmesser des Korbes zusammen ist (den in die Vase hineinragenden Stielteil immer dazurechnen). Befestigen Sie nun das untere Halmende so am Stützholz im Kunststoffgefäß, daß es um 10 bis 15 Grad nach links vorne geneigt ist.

Ordnen Sie alle anderen jeweils kürzeren Halme als Beilinien gestuft und eng um Shin gruppiert im hinteren und im vorderen Bereich der Hauptlinie an. Knicken Sie die Spitzen der beiden längsten Halme jeweils waagrecht nach rechts. Shin werden außerdem noch zwei Schwertlilienblätter und zwei Mädchenaugen im vorderen Bereich sowie etwas nach rechts versetzt ein Beerenzweig jeweils als Beilinie zugeordnet. Nehmen Sie für Hikae eine Sonnenblume, die etwa ⅓ so lang wie Shin ist. Plazieren Sie sie um 75 Grad nach rechts vorne geneigt im Gefäß. Eine weitere kürzere Sonnenblume und ein sehr kurzer Beerenzweig sind Hikae im vorderen linken Bereich jeweils als Beilinie zugeordnet. Füllen Sie die Vase mit frischem Wasser.

Wie die aufrechte Variation 4 Moribana (siehe Seite 70/71) wird die gleiche Stilform für die Vase mit nur zwei Hauptlinien, mit Shin und mit Hikae, gestaltet. Unter den für Shin und den dazugehörenden Beilinien ausgewählten Pflanzen dominieren die langen Schwertlilienblätter und die Schachtelhalme. Von Letztgenannten werden zwei jeweils am oberen Ende waagrecht geknickt. Die großen gelben, für die Hikae-Gruppe ausgesuchten Blüten der Sonnenblumen geben dem Arrangement optisch Halt und Schwere.

VARIATION 4

Geneigt Moribana

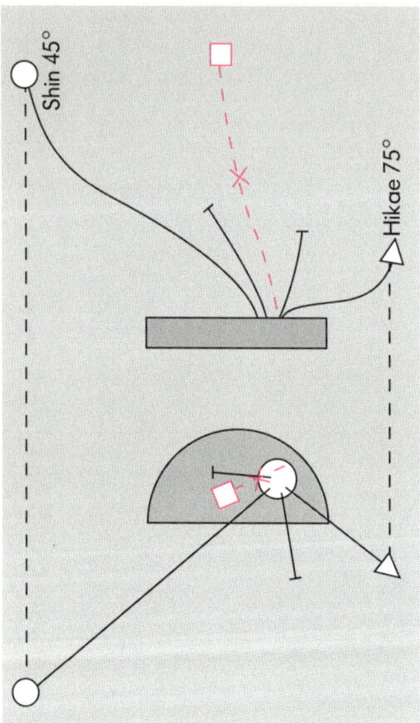

Das hier abgebildete Arrangement wurde im **Kleinen Maß** (siehe auch Seite 16 f.) gestaltet. Plazieren Sie den **Kenzan** auf **Position 3** in der Schale (bei einem seitenverkehrten Arrangement auf Position 4), und füllen Sie diese mit frischem Wasser. Nehmen Sie für Shin einen entlaubten Holunderzweig mit roten Beeren, der hier so lang wie 1 x die Höhe und 1 x der Durchmesser der Schale zusammen ist. Stecken Sie den Zweig um 45 Grad nach links vorne geneigt auf den Kenzan. Eine bizarr geformte alte Olivenwurzel ist Shin im hinteren Bereich als Beilinie zugeordnet. Wählen Sie für Hikae eine Sonnenblumenknospe aus, die etwa ⅓ so lang wie Shin ist und um 75 Grad nach rechts vorne auf dem Kenzan plaziert wird. Eine aufgeblühte Sonnenblume ist Hikae im vorderen linken Bereich als Beilinie zugeordnet. Decken Sie den Kenzan mit Kieselsteinen ab.

Bei der geneigten Form der Variation 4 ist der Freiraum zwischen den beiden Hauptlinien Shin und Hikae sehr groß. In ihn sollten keine größeren Beilinien plaziert werden. Soe, die dritte Hauptlinie, entfällt. Der Grundgedanke der Gestaltung, die Reduzierung auf die wesentlichen Elemente, ist bei dem hier gezeigten Arrangement deutlich zu erkennen.

Material: Traubenholunderzweig mit roten Beeren, Sonnenblumen, Olivenwurzel, Kieselsteine

Gefäß: schwarze halbmondförmige Sogetsu-Schale (Kunststoff)

Befestigung: Kenzan

Kenzanposition und Kenzaneinsteckpunkte:

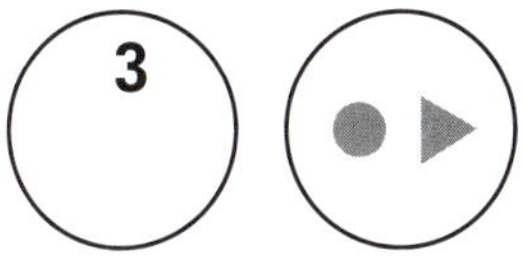

Die geneigte Variation 4 ist von der geneigten Grundform abgeleitet. Bei den beiden Stilen nehmen Shin und Hikae bei jeweils gleichbleibendem Neigungswinkel die gleiche Position im Arrangement ein, bei Variation 4 entfällt jedoch Soe, die zweite Hauptlinie. Die Beilinien sind bei der Gestaltung von Arrangements im Stil von Variation 4 so im Gefäß anzuordnen, daß sie nicht mit Soe verwechselt werden können.

VARIATION 4
Geneigt Nageire

Die Betonung liegt auch bei diesem im geneigten Stil gestalteten Arrangement auf der Hauptlinie Shin, dem „Himmel". Für Shin wurde hier ein ausdrucksstarker kräftiger Zierquittenzweig ausgewählt. Die dritte Hauptlinie Hikae, die „Erde", ist durch eine Iris dargestellt, die von weiteren Blumen optisch unterstützt wird.
Bei der Verwendung von Blumen mit besonders großen Einzelblüten, zum Beispiel einer Amaryllis, einer Protea oder einer Pfingstrose, sieht eine einzelne im Arrangement plazierte Blüte am schönsten aus. In diesem Fall sollte die Einzelblüte ein großes Blatt als Beilinie erhalten.
Das hier abgebildete Arrangement wurde im **Standardmaß** (siehe auch Seite 16 f.) gestaltet. Fertigen Sie zuerst die beiden **gekreuzten Stützhölzer, Jumonji-dome**, an. Befestigen Sie diese in der Vase und an ihnen die Pflanzenstiele wie auf Seite 31 beschrieben.
Lichten Sie den Zierquittenzweig vor dem Einstellen in die Vase aus, indem Sie alle störenden Seitentriebe abschneiden und den Zweig bis auf wenige Blätter entlauben. Die grünen Zierquitten werden bis auf diejenigen, die jeweils an den noch verbliebenen Astenden hängen, ebenfalls entfernt. Vergessen Sie nicht, das untere Zweigende zu spalten.
Schauen Sie sich das Diagramm genau an. Wählen Sie dann einen Zierquittenzweig für Shin, der hier so lang wie 1½ x die Höhe und 1½ x der Durchmesser der Vase zusammen ist (den in die Vase ragenden Stiel dazurechnen). Befestigen Sie nun das gespaltene Zweigende so an dem oberen Stützholz, daß der Zweig um 45 Grad nach links vorne geneigt ist. Shin erhält im hinteren Bereich eine Iris als Beilinie. Hikae ist ebenfalls eine Iris, die hier etwa ⅓ so lang wie Shin und um 75 Grad nach rechts vorne geneigt in der Vase plaziert ist. Hikae werden im hinteren Bereich eine weitere kürzere Iris sowie im vorderen drei kürzere Nelken jeweils als Beilinien zugeordnet. Füllen Sie die Vase mit frischem Wasser.

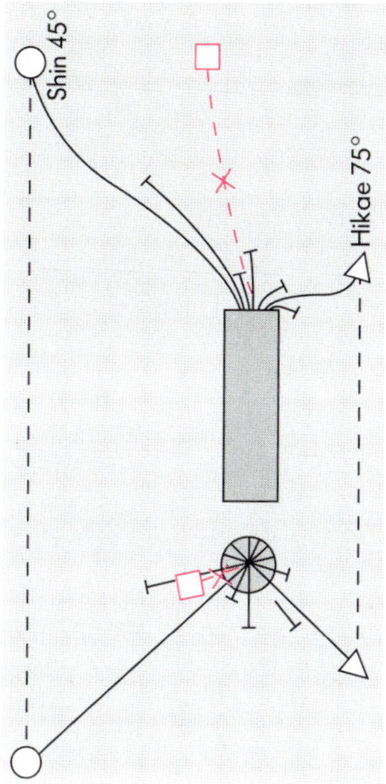

Material: Zierquittenzweig mit grünen Quitten, Iris, Nelken, Weidenast für die Stützhölzer

Gefäß: zylindrische Keramikvase

Befestigung: gekreuzte Stützhölzer (Jumonji-dome)

VARIATION 4

Hängend Nageire

Leicht und anmutig wirkt dieses Arrangement, ein Eindruck, der durch die filigrane Art der verwendeten Pflanzen, die schlanke Form der Vase sowie die Größe des Arrangements, das im **Kleinen Maß** (siehe dazu auch Seite 16 f.) gestaltet wurde, zustande kommt.

Wählen Sie für die Hauptlinie Shin eine Pflanze – wie hier den Asparagus –, die nach unten gewachsen ist, also eine hängende Art.

Das Arrangement wurde **seitenverkehrt**, als **Gyakugatte** (siehe auch Seite 21), gearbeitet: Shin steht nicht wie bei der Hongatte, der Standardform, links, sondern rechts von der Nullgradlinie, und Hikae nicht rechts, sondern links von ihr.

Schauen Sie sich das Diagramm genau an. Wählen Sie einen Asparagus, der hier so lang wie 1 x die Höhe und 1 x der Durchmesser des Gefäßes zusammen ist. Plazieren Sie den Zweig so in der Vase, daß er über den Vasenrand hinaus nach rechts unten hängt (hier sind es etwa 125 Grad). Hikae ist eine Wicke, die $\frac{1}{3}$ so lang wie Shin ist und um 75 Grad nach links vorne geneigt in die Vase gestellt wird. Viele weitere kürzere Wicken und das Schleierkraut sind Shin und Hikae hauptsächlich im vorderen Bereich als Beilinien zugeordnet, wobei die Wicken mehr um Hikae plaziert sind, das Schleierkraut mehr um Shin gruppiert ist. Füllen Sie die Vase mit frischem Wasser.

Ein Arrangement in hängender Form konnten Sie schon auf Seite 68/69 sehen. Auch bei Variation 4 ist eine solche Form möglich, die hier seitenverkehrt gestaltet wurde. Kennzeichnend ist für alle hängenden Stilformen, daß die Hauptlinie Shin tief über den Vasenrand hinaus geneigt ist, also nach unten hängt.
Hier beträgt die Größe des Neigungswinkels etwa 125 Grad.

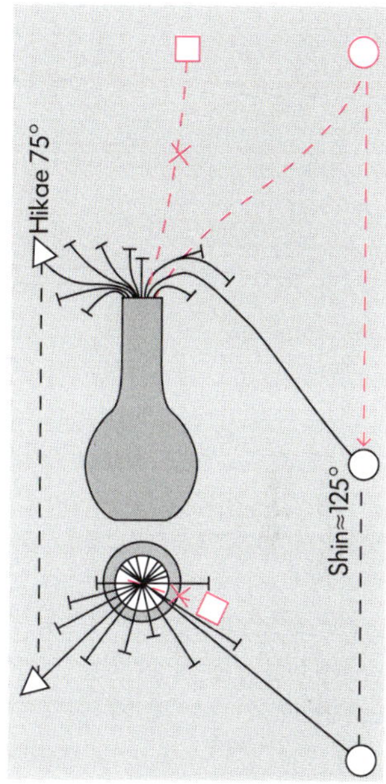

Material: Asparaguszweige, Wicken, Schleierkraut

Gefäß: schwarze japanische Keramikvase

Befestigung: ohne Hilfsmittel (Jikae-dome)

VARIATION 5

Aufrecht Moribana

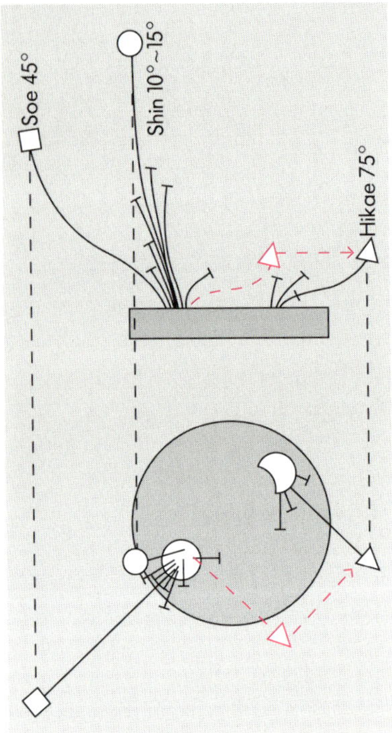

Material: Zypressen- und Schneebeerenzweige, Gerbera, Wurzel, Kieselsteine

Gefäß: runde braune Keramikschale (von Christel Lauer)

Befestigung: 2 Blumenigel (Vollmond-/Halbmondkenzan)

Kenzanpositionen und Kenzaneinsteckpunkte:

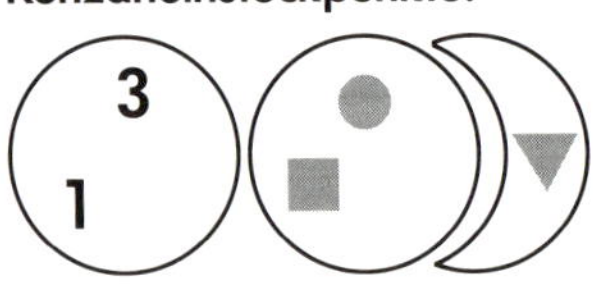

Im Stil von Variation 5 können alle aufrechten und geneigten Grundstile sowie aufrechten und geneigten Variationen für Moribana gestaltet werden.
Bei dem hier abgebildeten Arrangement ist ein im aufrechten Grundstil gearbeitetes Gesteck (siehe auch Seite 34/35) „auseinandergezogen" worden: Shin und Soe stehen zusammen auf einem Blumenigel (Vollmondkenzan), Hikae befindet sich gesondert auf einem zweiten (Halbmondkenzan).
Plazieren Sie die beiden **Blumenigel** wie jeweils angegeben auf **Position 1** (Vollmondkenzan) und **3** (Halbmondkenzan) in der Schale, und füllen sie diese mit frischem Wasser. Betrachten Sie das Diagramm genau. Das Arrangement wurde im Standardmaß (siehe auch Seite 16 f.) gestaltet. Wählen Sie daher für Shin einen ausgelichteten Zypressenzweig aus, der so lang wie 1½ x die Höhe und 1½ x der Durchmesser der Schale zusammen ist. Stecken Sie den Zweig um 10 bis 15 Grad nach links vorne geneigt auf den Blumenigel. Shin werden einige entlaubte kurze Schneebeerenzweige im vorderen Bereich jeweils als Beilinien zugeordnet. Soe ist ebenfalls ein Zypressenzweig, der ¾ so lang wie Shin ist und um 45 Grad nach links vorne geneigt auf dem Kenzan neben Shin plaziert wird. Als Beilinie ist Soe ein weiterer sehr kurzer Zweig im vorderen Bereich zugeordnet, sowie Soe und Shin gemeinsam im hinteren Bereich eine Wurzel (ist nicht im Diagramm eingezeichnet). Stecken Sie für Hikae eine Gerbera, die ½ so lang wie Soe ist, um 75 Grad nach rechts vorne geneigt auf den zweiten Blumenigel. Zwei weitere kürzere Gerbera sowie einige Schneebeeren sind Hikae jeweils als Beilinien zugeordnet. Decken Sie beide Blumenigel mit Kieselsteinen ab.
Hinter der kleinen Wasserlandschaft in der Schale steht rechts ein japanisches Bild, in welchem sich die Farben der Blumen, das Gelb und das Orange der Gerbera, in den Bildmotiven wiederholen.

Kennzeichnend für Variation 5 ist, daß hier eine der drei Hauptlinien getrennt von den beiden anderen auf einem zweiten zusätzlichen Kenzan in einer Schale angeordnet ist. Daher nennt man die Variation 5 auch die auseinandergezogene Form (jap.: Kabuwake). Welche Hauptlinien miteinander kombiniert sind, ist beliebig.

VARIATION 5

Geneigt Moribana

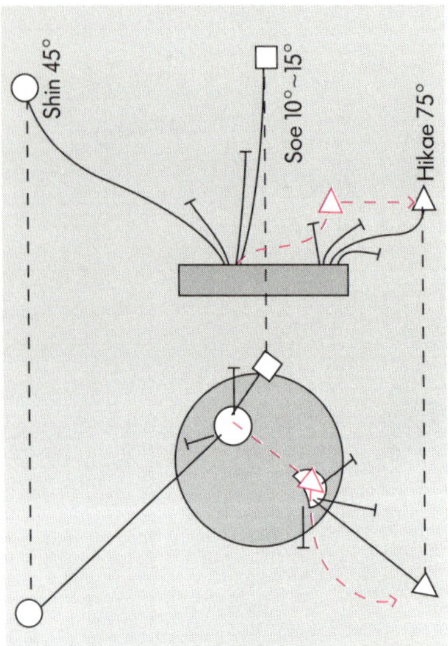

Material: Buchen- und Johannisbeerzweige, Amaryllis, Kieselsteine

Befestigung: 2 Blumenigel (Vollmond-/Halbmondkenzan)

Kenzanpositionen und Kenzaneinsteckpunkte:

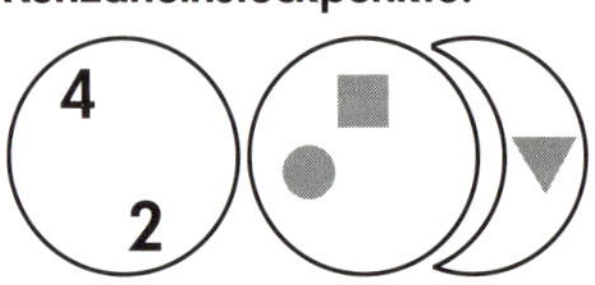

Das abgebildete Arrangement stellt die für die Variation 5 typisch, aber „auseinandergezogene“ Form der **Variation 1 Geneigt Moribana** dar: Shin und Soe befinden sich zusammen auf einem Kenzan, während Hikae auf einem zusätzlichen zweiten plaziert ist. Beide Blumenigel sind in einer Schale einander diagonal zugeordnet.

Das abgebildete Arrangement wurde im **Standardmaß** (siehe auch Seite 16 f.) gestaltet. Plazieren Sie die beiden **Blumenigel** wie angegeben in der Schale, einen auf **Position 4** (Vollmondkenzan) und dann einen weiteren auf **2** (Halbmondkenzan).

Füllen Sie die Schale mit frischem Wasser. Betrachten Sie dann das Diagramm genau. Wählen Sie für Shin einen ausgelichteten Buchenzweig, der hier so lang wie 1½ x die Höhe und 1½ x der Durchmesser der Schale zusammen sein soll. Plazieren Sie den Zweig so auf dem Vollmondkenzan, daß er um 45 Grad nach links vorne geneigt ist. Ein kurzer, ganz entlaubter Johannisbeerzweig mit Knospen ordnen Sie Shin im hinteren Bereich als Beilinie zu. Nehmen Sie für Soe ebenfalls einen ganz entlaubten Johannisbeerzweig, der ¾ so lang wie Shin ist. Stecken Sie nun den Zweig neben Shin so auf den Vollmondkenzan, daß er sich um 10 bis 15 Grad nach rechts hinten neigt. Ein kurzer entlaubter Buchenzweig ist Soe im hinteren Bereich als Beilinie zugeordnet. Hikae ist hier eine Amaryllis mit zwei Blüten und einer Knospe, die ½ so lang wie Soe ist. Plazieren Sie sie so auf dem Kenzan, daß sie sich um 75 Grad nach rechts vorne neigt. Hikae sind drei kurze nicht entlaubte Buchenzweige jeweils als Beilinie im vorderen und im hinteren Bereich zugeordnet.

Decken Sie die beiden Blumenigel so mit Kieselsteinen ab, daß sie in der Schale nicht zu sehen sind.

Hier sehen Sie ein Musterbeispiel für ein Arrangement, das im geneigten Stil gestaltet und — wie für die Variation 5 charakteristisch — „auseinandergezogen" wurde.
Die beiden Blumenigel sind bei Variation 5 in der Schale beliebig, jedoch diagonal einander zuzuordnen (siehe auch Seite 80/81). Sie sollten jedoch weder zu nah zusammenstehen noch zu weit auseinandergezogen sein, so daß der Gesamteindruck eines einzigen Arrangements bewahrt bleibt. Zwischen den beiden Blumenigeln bleibt die Wasseroberfläche sichtbar, die man damit in die Gestaltung einbezieht.

VARIATION 6
Aufrecht Moribana

Für die Variation 6 ist kennzeichnend, daß die drei Hauptlinien räumlich so angeordnet sind, daß sie jeweils in eine andere Richtung zeigen. Die Abstände zwischen den drei Linien sollen dabei gleich groß sein. Die Variation 6 kann wie hier als aufrechte, aber auch als geneigte, als horizontale oder als hängende (nur bei Nageire) Form gestaltet werden. Maßgebend ist jeweils die Größe des Neigungswinkels von Shin, der bei Variation 6 aufrecht, wie für den aufrechten Stil typisch, 10 bis 15 Grad beträgt.

Moribana oder Nageire-Arrangements im Stil von Variation 6 werden gern als **Rundumarrangements** bezeichnet, da sie von allen möglichen Blickwinkeln des Betrachters aus eine Sichtseite haben. Daher sind sie auch als Tischdekorationen sehr beliebt.

Das hier abgebildete Arrangement wurde im **Kleinen Maß** (siehe Seite 16 f.) gestaltet. Plazieren Sie den **Kenzan** auf **Position** 7 in der Schale (je nach gewählter Stilform sind alle Positionen von 1–8 möglich und damit auch die jeweils entsprechenden Einsteckpunkte auf dem Kenzan).

Füllen Sie die Schale mit frischem Wasser und betrachten Sie das Diagramm genau. Nehmen Sie für Shin einen ausgelichteten Rizinuszweig, der hier so lang wie 1 x die Höhe und 1 x der Durchmesser des Gefäßes zusammen ist. Plazieren Sie den Zweig um 10 bis 15 Grad nach links hinten geneigt auf dem Kenzan. Soe, ein weiterer Rizinuszweig, ist ¾ so lang wie Shin und wird um 45 Grad nach links vorne geneigt auf den Blumenigel gesteckt. Hikae, eine Rose, ist ¾ so lang wie Soe und wird um 75 Grad nach rechts vorne geneigt auf den Kenzan gesteckt.

Die drei Hauptlinien sollten nun so auf dem Blumenigel plaziert sein, daß sie bei gleich großen Abständen zueinander jeweils in eine andere Richtung zeigen, wie auch im Diagramm deutlich zu erkennen. Weitere kürzere Rosen und die Astilben sind den drei Hauptlinien rundum als Beilinien gestuft zugeordnet, so daß das Arrangement von jeder Seite aus betrachtet geschlossen wirkt. Decken Sie den Kenzan mit Kieselsteinen ab, so daß er in der Schale nicht mehr zu sehen ist.

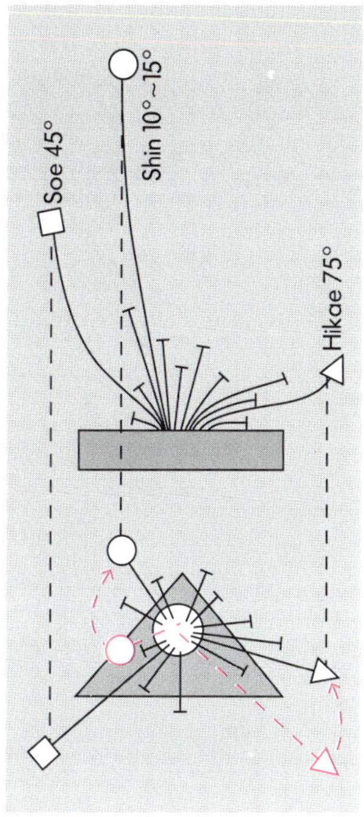

Material: Rizinuszweige, Rosen, Astilben, Kieselsteine

Gefäß: dreieckige schwarze Sogetsu-Schale (Kunststoff)

Befestigung: Kenzan

Kenzanposition und Kenzaneinsteckpunkte:

Bei der hier horizontalen Variation 6 für Moribana und für Nageire beträgt der Neigungswinkel von Shin 85 Grad, so daß die Hauptlinie ganz langgestreckt, also fast waagrecht im Gefäß angeordnet ist. Die beiden anderen Hauptlinien sind ebenfalls flach und — wie für Variation 6 typisch — so im Gefäß plaziert, daß sie mit gleich großen Abständen zueinander jeweils in eine andere Richtung zeigen. Verwenden Sie nur leichtwirkende, „fließende" Zweigarten. Die Blumen sollten so angeordnet sein, daß der Betrachter des Arrangements von jeder Seite aus in eine Blüte hineinblicken kann.

VARIATION 6

Horizontal Moribana

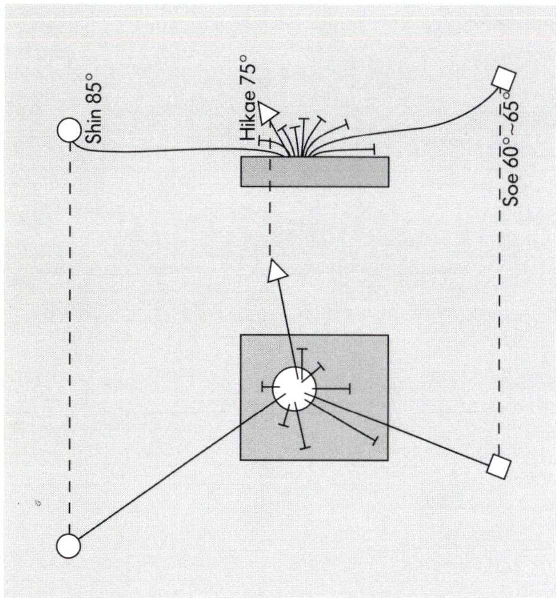

Das hier abgebildete Arrangement wurde im **Mittleren Maß** (siehe auch Seite 16 f.) gestaltet. Plazieren Sie den **Kenzan** auf **Position** 4 in der Schale, und füllen Sie diese dann mit frischem Wasser.

Betrachten Sie das Diagramm ganz genau, und wählen Sie dann einen schön gewachsenen Asparaguszweig für Shin aus, der hier so lang wie 1½ x die Höhe und 1½ x der Durchmesser der Schale zusammen ist. Plazieren Sie den Zweig um 85 Grad nach links vorne geneigt auf dem Kenzan.

Asparaguszweige wurden auch für die beiden anderen Hauptlinien ausgewählt: Stecken Sie den Zweig für Soe, der ¾ so lang wie Shin ist, um 65 Grad nach rechts vorne geneigt auf den Kenzan, und den Zweig für Hikae, der ¾ so lang wie Soe ist, um 75 Grad nach links hinten geneigt auf den Blumenigel. Die Abstände zwischen den drei Zweigen sollten gleich groß sein. Ordnen Sie die Iris und die Chrysanthemen den drei Hauptlinien rundum jeweils als kurze Beilinien zu, und decken Sie den Kenzan mit Kieselsteinen ab.

Material: Asparaguszweige, Iris, Spinnenchrysanthemen, Kieselsteine

Gefäß: schwarze viereckige Keramikschale

Befestigung: Kenzan

Kenzanposition und Kenzaneinsteckpunkte:

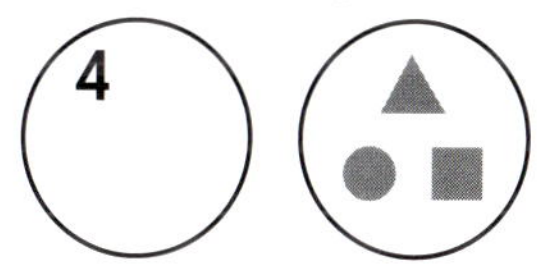

VARIATION 6

Hängend Nageire

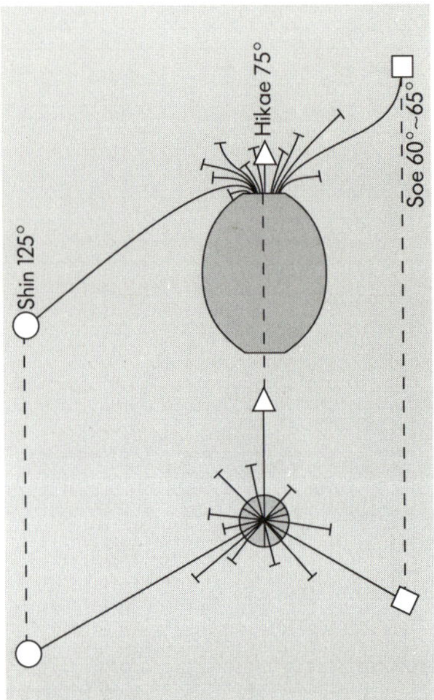

Das hier abgebildete Arrangement wurde im **Standardmaß** (siehe auch Seite 16 f.) gestaltet. Fertigen Sie das **aufrecht stehende Stützholz, Soegi-dome**, an. Befestigen Sie erst das Stützholz in der Vase und an ihm die Pflanzenstiele wie auf Seite 30 beschrieben.

Für Shin und für Soe wurde jeweils ein ausgelichteter Johannisbeerzweig ausgesucht. Befestigen Sie den Zweig für Shin, der so lang wie 1½ x die Höhe und 1½ x der Durchmesser der Vase zusammen ist (den in die Vase hineinragenden Stielteil immer dazurechnen), um 125 Grad nach links vorne geneigt am Stützholz. Der Zweig für Soe, der ¾ so lang wie Shin ist, wird um 60 bis 65 Grad nach rechts vorne geneigt in der Vase plaziert. Hikae ist eine Iris (im Foto verdeckt), die um 75 Grad nach hinten geneigt in der Vase befestigt ist. Ordnen Sie den drei Hauptlinien jeweils weitere Iris, die Rosen und das Heidekraut als Beilinien zu. Füllen Sie die Vase mit frischem Wasser. Im Gegensatz zum aufrechten Stil sollte die Vase für die horizontale Form nicht zu hoch ein.

Material: Johannisbeerzweige, Rosen, Iris, Heidekraut, Weidenast für das Stützholz

Gefäß: japanische Bambuskorbvase

Befestigung: aufrecht stehendes Stützholz (Soegi-dome)

Auf diesen beiden Seiten sehen Sie ein Vasenarrangement im Stil von Variation 6 in einer hängenden Form. Die Hauptlinie Shin ist über den Vasenrand hinaus um etwa 125 Grad tief geneigt. Die Abstände zwischen den drei Hauptlinien sind gleich groß und jede der Linien zeigt in eine andere Richtung. Ein Vasenarrangement im Stil von Variation 6 können Sie wie hier als hängende, aber auch als geneigte, als aufrechte oder als horizontale Form gestalten.

Von Variation 7 gibt es drei verschiedene Stilformen: das Trockenarrangement (Shikibana), das schwimmende Arrangement (Ukibana) und das Früchtearrangement (Morimono). Gemeinsam ist allen drei Formen, daß sie in der Regel jeweils Gestaltungsvorschläge für Moribana ohne Verwendung eines Kenzans sind. Welche Pflanzenarten gewählt werden, ist jedoch verschieden. Unterschiedlich ist auch, ob diese in einem Gefäß arrangiert sind oder nicht (mit oder ohne Wasser).

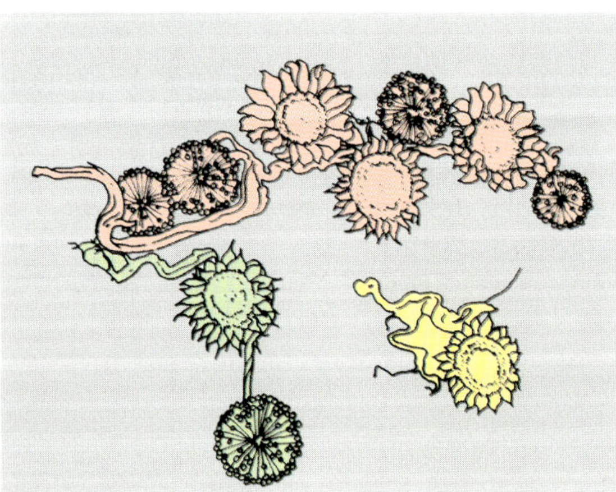

VARIATION 7

Shikibana

Material: für Shin (Rot) 3 Thymianwurzeln, 3 Sonnenblumenblüten, 4 Alliumfruchtstände; für Soe (Grün) 1 Thymianwurzel, 1 Sonnenblumenblüte, 1 Alliumfruchtstand; für Hikae (Gelb) 1 Thymianwurzel, 1 Sonnenblumenblüte

Shikibana, das **Trockenarrangement**, wird **direkt auf einer Fläche**, wie zum Beispiel auf einem Tisch, ohne Verwendung einer Schale und eines Kenzans sowie ohne Wasser gestaltet. Als Material können Sie sowohl getrocknete wie auch frische Pflanzen verwenden. Letztere sollten allerdings so unempfindlich sein, daß sie ohne Wasser mehrere Stunden frisch bleiben.

Gestalten Sie das Arrangement mit einer langen ausdrucksstarken Shinlinie wie hier den drei aneinandergelegten Thymianwurzeln. Die Sonnenblumenblüten und die Fruchtstände des Alliums sind ihnen als Beilinien zugeordnet. Die beiden anderen Hauptlinien sind jeweils nur durch eine Wurzel und eine Sonnenblumenblüte oder einen Fruchtstand dargestellt worden. Bei einigen der hier verwendeten Sonnenblumenblüten wurden die gelben Blütenblätter ausgelichtet.

Die Größe des gesamten Arrangements und damit auch die der Linie Shin richtet sich nach der Größe der zur Verfügung stehenden Fläche, auf der es liegen soll.

VARIATION 7

Ukibana

Ein **schwimmendes Arrangement**, Ukibana, ist eine beliebte Tischdekoration für heiße Sommertage, kann aber das ganze Jahr über und wie zum Beispiel hier als Adventsschmuck gestaltet werden.
Beim näheren Hinsehen offenbart das Arrangement unter der Wasseroberfläche, am Boden der Schale, ein reiches Innenleben: zarte Zypressenzweige, die von Kiesel- und glitzernden Glassteinen unter Wasser gehalten werden. Auf der Wasseroberfläche schwimmen zwei zartgrüne duftende Orchideenblüten und eine große Weihnachtskugel, die Shin und seine Beilinien darstellen. Soe ist eine weiße Anthurienblüte, die zwischen zwei am Schalenrand aufliegenden Bambusstäben aus dem Wasser hervorragt. Hikae wird durch eine kleine schwimmende Weihnachtskugel dargestellt, der man eine weitere als Beilinie zugeordnet hat. Gestalten Sie nach Belieben ein Ukibana mit anderen Materialien.

Bei einem schwimmenden Arrangement, Ukibana, ist die Wasseroberfläche (die auch die Shinlinie sein kann) ein wichtiges Gestaltungselement. Eine große flache Schale mit einem möglichst niedrigen Rand ist daher als Gefäß für ein Ukibana gut geeignet. Die auf der Wasseroberfläche schwimmend angeordneten Blüten sollten möglichst groß und ausdrucksstark sein. Exotische Arten wie Orchideen oder Lotos, aber auch großflächige Blätter wirken hier besonders schön.

Material: für Shin (Rot) 2 Orchideenblüten (Cymbidium) und 1 große Weihnachtskugel; für Soe (Grün) 1 Anthurienblüte und 2 Bambusstäbe; für Hikae (Gelb) 2 kleine Weihnachtskugeln; außerdem Kiesel- und Glassteine sowie Zypressenzweige

Morimono, das Früchtearrangement, ist wie auch die anderen Stilformen der Variation 7 flächig gestaltet. Während beim Shikibana, dem Trockenarrangement, die Tischfläche und beim Ukibana, dem schwimmenden Arrangement, die Wasseroberfläche die Grundfläche des Objekts darstellt, ist diese beim Morimono ein flaches Gefäß wie eine Schale, ein Teller oder ein Korb.

VARIATION 7

Morimono

Bei einem Früchtearrangement (jap.: Morimono) werden Naturmaterialien wie Früchte, aber auch Gemüse, Halme, Gräser, Wurzeln, Steine, Blätter oder Blumen verwendet, die mit und ohne Wasser bzw. Kenzan zu arrangieren sind. Seltene exotische Arten sehen besonders schön aus, da deren eigenwillige Formen hier gut zum Ausdruck kommen.
Der kreative Reiz bei einem Morimono liegt vor allem in der Möglichkeit zur freien Auswahl, Zusammenstellung und Anordnung der Materialien. Aber auch hier bleibt das **Grundprinzip der Gestaltung mit drei Hauptlinien** bewahrt: Shin, Soe und Hikae sind jeweils durch die Art der Materialien, also zum Beispiel durch ihre Größe, Form, Farbe sowie durch ihre Zuordnung zueinander, also durch Nähe und Ferne, klar zu unterscheiden und zu erkennen.
Bei dem abgebildeten Arrangement ist Shin durch zwei Romaneskos (besondere Brokkoli-Züchtungen) dargestellt, Soe durch die beiden Mangostinos (südamerikanische Früchte) mit den zwei Okras (exotische Gemüsekapseln) als Beilinien. Hikae ist der rote, auf zwei Steine gelegte Rizinuszweig, bei dem im hinteren Bereich drei stehende Halmbündel als Beilinien zugeordnet sind.

Die Gestaltung eines Früchtearrangements bietet sich in erster Linie im Spätsommer oder im Herbst an, zum Beispiel zum Erntedankfest, ist aber nicht an diese Jahreszeiten gebunden. Ein Morimono kann mit den je nach Saison vorhandenen Früchten, Gemüsen oder anderen Materialien das ganze Jahr über arrangiert werden. Bevor Sie mit dem eigentlichen Plazieren der Materialien beginnen, sollten Sie eine Skizze anfertigen, um eine Vorstellung zu bekommen, wie es später aussehen könnte.

Material: Für Shin (Rot) 2 Romaneskos; für Soe und Beilinien (Grün) 2 Mangostinos und 2 Okras; für Hikae und Beilinie (Gelb) 2 Steine, 1 Rizinus sowie 3 Stehbündel aus getrockneten Tageslilienhalmen und roter Wolle

Gefäß: Schwarzes Lacktablett (Durchmesser 30 cm)

Auf diesen beiden Seiten sehen Sie zwei weitere Beispiele für die Gestaltung von Früchtearrangements. Bei dem oben abgebildeten Morimono wurde in eine flache schwarze Keramikschale erst ein bizarr geformtes, verrostetes Eisenblech gelegt, und dann darauf die Naturmaterialien. Shin ist der rote Granatapfel, Soe die Feige. Soe wird ein roter Rizinuszweig mit einem kleinen Blatt daran als Beilinie zugeordnet, dessen Zweigende unter dem Eisen liegt. Hikae ist durch eine hellgrüne Romanesko (eine Brokkoli-Spezialzüchtung) dargestellt, der eine weitere sowie ein Rizinuszweig mit einem großen Blatt zugeordnet sind. Mögliche andere Materialien für ein Morimono können zum Beispiel auch Weintrauben, Maiskolben, Paprikaschoten, Ananas, Äpfel, Birnen, Kirschen, Nüsse, Kiwis, Avocados oder Zitronen sein.

Das Gefäß für das unten abgebildete Morimono ist eine flache schwarze Glasschale. Shin ist der große Zierkohl, der im Arrangement dominiert. Soe, der aufrecht stehende rote Rizinuszweig mit den runden stacheligen Samenkapseln, erhält als Beilinie ein Aralienblatt. Den Zweig- und den Blattstiel können Sie auf einem in der Schale plazierten Kenzan einstecken oder die Stiele zwischen den anderen Materialien befestigen. Zwei Weinrebenkugeln und eine gelbe Karambola, eine Sternfrucht, stellen die Hikaegruppe dar.

VARIATION 8

Kombinierte Form

Material: Ginster- und Kiefernzweige, Orchideen (Cymbidium)

Gefäße: eine schwarze und eine weiße Keramikvase (von Manfred Hotter)

Befestigung: ohne Hilfsmittel (Jikae-dome)

Bei Variation 8 werden zwei verschiedene Arrangements miteinander kombiniert. Dies können entweder zwei Grundstile oder zwei Variationen, kann aber auch ein Grundstil zusammen mit einer Variation sein. Beide Arrangements sollten jeweils ihren eigenen Charakter voll entfalten, in der Zusammenstellung jedoch den Eindruck eines einzigen vermitteln.
Für die Gestaltung von Variation 8 eignet sich besonders die Kombination einer Standardform (Hongatte) mit einer seitenverkehrten Form (Gyakugatte) wie in der Abbildung rechts.

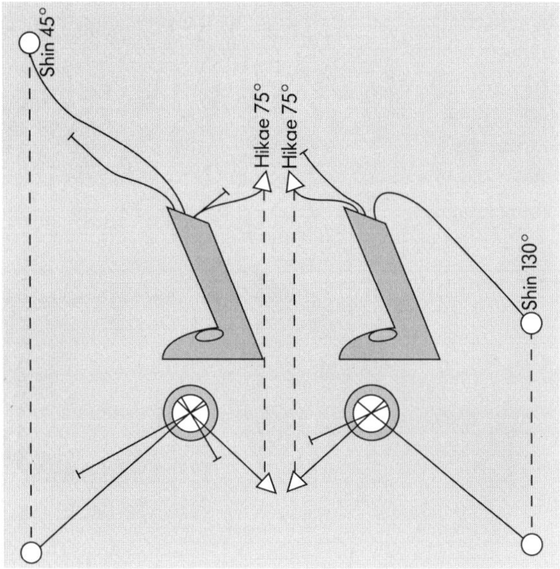

Grundlegend für Variation 8 ist, daß zwei Arrangements jeweils getrennt voneinander in einem Gefäß wie einer Schale oder einer Vase gestaltet sind, anders also als bei Variation 5 (siehe auch Seite 80–83), bei der ein Gesteck in einem Gefäß auseinandergezogen wurde. Sie können also zwei verschiedene Gefäße zusammenstellen. Für den Anfang ist es jedoch leichter, Arrangements eines Stils jeweils in zwei gleichartigen Gefäßen, wie zum Beispiel eine Schale mit einer Schale oder eine Vase mit einer Vase, zu kombinieren. Hier wurden die **Variation 4 Geneigt Nageire** (siehe Seite 76/77) und die **seitenverkehrte Variation 4 Hängend Nageire** (siehe auch Seite 78/79) gewählt. Die beiden Vasen haben die gleiche Form und Größe, unterscheiden sich also nur in der Farbe. Die verwendeten Pflanzen werden jeweils ohne Hilfsmittel (siehe auch Jikae-dome Seite 31) direkt in die Vase eingestellt. Die geneigte Variation 4 wurde im **Standardmaß** gestaltet, die hängende im **Kleinen Maß** (siehe auch Seite 16 f.). Shin ist jeweils ein stark in Form gebogener Ginsterzweig, Hikae eine Orchideenblüte, die Jushis Kiefernzweige.

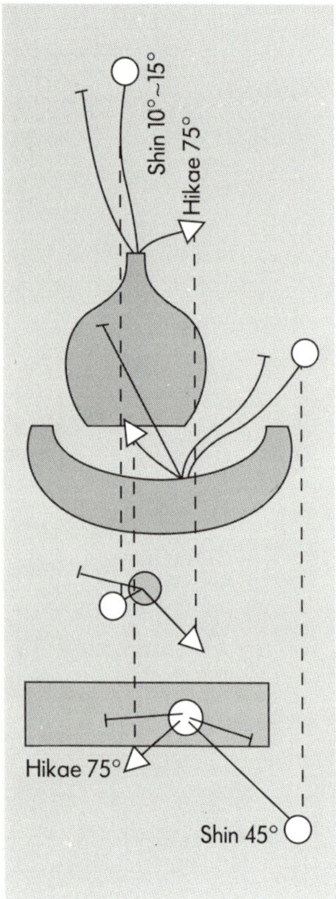

Material: Kiefernzweige, Orchideenblüten (Cymbidium), Thymianwurzeln

Gefäße: Japanische Bronzevase und japanisches Keramikboot

Befestigung: Für Nageire ohne Hilfsmittel (Jikae-dome) und für Moribana mit Kenzan

Kenzanposition und Kenzaneinsteckpunkte:

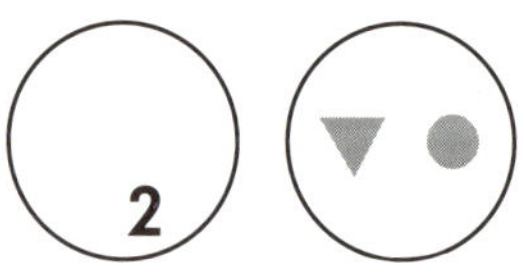

VARIATION 8

Kombinierte Form

Bei diesem Musterbeispiel für Variation 8 wurden keine gleichen, sondern **unterschiedliche Gefäße** verwendet, also ein Arrangement in der Vase mit einem in der Schale kombiniert. Die Farbe und die Form der beiden Gefäße sollten harmonisch aufeinander abgestimmt sein.

Um die Einheit des Arrangements zu betonen, kann man unter die beiden Gefäße eine Unterlage wie zum Beispiel ein Lackbrettchen oder eine Bambusmatte legen.

Hier wurden die **Variation 4 Aufrecht Nageire** und die **Variation 4 Geneigt Moribana (seitenverkehrt)** zusammengestellt. Beide Arrangements sind im **Kleinen Maß** gestaltet worden (siehe auch Seite 16 f.). Da die Öffnung der verwendeten Vase sehr schmal ist, sind die Pflanzen ohne Hilfsmittel (siehe auch **Jikaedome** Seite 31) einzustellen. Lichten Sie die Kiefernzweige, deren Nadeln beschnitten sind, jeweils aus.

Kennzeichnend für die Variationen 4 war, daß sie nur mit den beiden Hauptlinien Shin und Hikae gestaltet werden (siehe auch Seite 70 bis 78). Soe, die zweite Hauptlinie, entfällt.

Plazieren Sie den **Kenzan** bei dem **Schalenarrangement** auf **Position 2** in der Schale. Shin, hier ein Kiefernzweig, zeigt mit einem Neigungswinkel von 45 Grad nach rechts vorne und erhält eine ausdrucksstarke Thymianwurzel als Beilinie im hinteren Bereich. Hikae ist eine um 75 Grad nach links vorne geneigte Orchideenblüte, der im hinteren Bereich ein Kiefernzweig als Beilinie zugeordnet wird.

Bei dem **Vasenarrangement** steht der Kiefernzweig für Shin um 10 Grad geneigt, also fast senkrecht, im Gefäß. Shin wird eine Thymianwurzel als Beilinie zugeordnet. Hikae ist eine um 75 Grad nach links vorne geneigte Orchideenblüte.

Das Jahr geht zu Ende, das Fenster wird geschlossen, und draußen fährt ein Boot vorüber, beladen mit allen guten Wünschen zum neuen Jahr. Das Symbol des Bootes wird wie das des Mondes im Ikebana gerne verwendet, um damit Wünsche und Gefühle auszudrücken. Das hier abgebildete ausfahrende Boot (jap.: Defune) bedeutet Hoffnung auf etwas Neues und Vertrauen in die Zukunft. Sein Bug zeigt nach links, und die Segel, in die der Wind gleich blasen wird, sind gesetzt.

ANHANG

Glossar

Gyakugatte:	Seitenverkehrt gestaltetes Arrangement (im Gegensatz zu → Hongatte), bei dem Shin rechts von der Nullgradlinie steht.	**Linksarrangement**
Hikae:	Die dritte Hauptlinie eines Arrangements; grafisch durch ein Dreieckssymbol gekennzeichnet.	**die helfende Linie**
Hongatte:	Standardform eines Arrangements (im Gegensatz zu → Gyakugatte), bei der Shin links von der Nullgradlinie steht (Ausnahme Variation 1 Aufrechter Stil).	**Rechtsarrangement**
Ikebana:	Die japanische Kunst, Pflanzen in Gefäßen zu arrangieren.	**lebende Blumen**
Jikae-dome:	Befestigungsmethode für Pflanzen in einer Vase ohne Stützhölzer.	**ohne Stützhölzer**

Jumonji-dome:	Befestigungsmethode für Pflanzen in einer Vase mit Hilfe von zwei gekreuzten und waagerecht im Gefäß angebrachten Stützhölzern.	**gekreuzte waagerechte Stützhölzer**
Jushi:	Beilinie eines Arrangements, auch Neben- oder Hilfslinie, die einer Hauptlinie zugeordnet und kürzer als diese ist; grafisch durch einen kurzen Querstrich gekennzeichnet.	**die Unterstützende**
Kabuwake:	Bezeichnung für die Gestaltungsform der Variation 5 Moribana, bei der mindestens eine der drei Hauptlinien getrennt von den beiden anderen auf einem Kenzan plaziert ist.	**auseinandergezogen**
Kenzan:	Hilfsmittel zur Befestigung von Pflanzen in einer Schale.	**Blumenigel**
Moribana:	Pflanzenarrangement in einer Schale.	**Schalenarrangement**
Morimono:	Stilform der Variation 7 (siehe auch → Shikibana, → Ukibana), bei der hauptsächlich mit Materialien wie Früchten oder Gemüsen gearbeitet wird.	**Früchtearrangement**
Nageire:	Pflanzenarrangement in der Vase.	**Vasenarrangement**
Shikibana:	Stilform der Variation 7 (siehe auch → Morimono, → Ukibana), bei der frische oder getrocknete Pflanzen ohne Wasser arrangiert werden.	**Trockenarrangement**
Shin:	Die erste Hauptlinie eines Arrangements; grafisch durch ein Kreissymbol gekennzeichnet. Die Position und die Größe des Neigungswinkels von Shin bestimmt die Stilform des Arrangements (aufrecht, geneigt, hängend, horizontal).	**die wahre Linie**
Soe:	Die zweite Hauptlinie eines Arrangements; grafisch durch ein Quadratsymbol gekennzeichnet.	**die zweite Linie**
Soegi-dome:	Befestigungsmethode für Pflanzen in einer Vase mit Hilfe eines aufrecht im Gefäß stehenden Stützholzes.	**aufrecht stehendes Stützholz**
Ukibana:	Stilform der Variation 7 (siehe auch → Morimono, → Shikibana), bei der die verwendeten Pflanzen schwimmend angeordnet sind.	**schwimmendes Arrangement**

Blumenkalender

Frühling

Bäume und Blumengehölze

Ahorn, Apfel, Azalee, Berberitze, Bergahorn, Birke, Blutjohannisbeere, Brombeere, Buche, Büffelbeere, Eberesche, Erle, Felsenbirne, Flieder, Forsythie, Ginster, Goldahorn, Grauerle, Hartriegel, Haselnuß, Holunder, Hortensie, Jasmin, Kastanie, Kirschlorbeer, Kirschpflaume, Korkenzieherhasel, Kornelkirsche, Magnolie, Pfingstrose, Pflaume, Prachtglocke, Rhododendron, Rotdorn, Rosmarinseidelbast, Roßkastanie, Sauerdorn, Schlehe, Schneeball, Schwarzerle, Seidelbast, Sommerröschen, Spiräe, Traubenkirsche, Weide, Weißdorn, Zierkirsche, Zierpfirsich, Zierquitte, Zwergmandel, Zwergscheinhasel

Blumen, Gräser und andere Pflanzen

Amaryllis, Anemone, Buschwindröschen, Calla, Freesie, Gladiole, Goldlack, Günsel, Hyazinthe, Iris, Krokus, Lilie, Maiglöckchen, Milchstern, Moosröschen, Narzisse, Nelke, Orchidee, Primel, Ranunkel, Rose, Schneeglöckchen, Schlüsselblume, Tulpe

Sommer

Bäume und Blumengehölze

Ahorn, Apfel, Akazie, Berberitze, Blutbuche, Blutpflaume, Eberesche, Feuerdorn, Ginster, Goldregen, Hagebutte, Hibiskus, Holunder, Hopfen, Hortensie, Kastanie, Lärche, Linde, Ölweide, Rizinus, Rotdorn, Sanddorn, Schneeball, Sommerjasmin, Tamariske, Weißdorn

Blumen, Gräser und andere Pflanzen

Akelei, Clematis, Dahlie, Feuerlilie, Flockenblume, Gartennelke, Geranie, Gerbera, Gladiole, Hahnenkamm, Kornähre, Kornblume, Lavendel, Löwenmäulchen, Lupine, Mädchenauge, Malve, Margerite, Pampasgras, Phlox, Prachtscharte, Ringelblume, Rittersporn, Rose, Schleierkraut, Schwertlilie, Skabiose, Sommeraster, Sonnenblume, Tageslilie, Türkenmohn, Wikken, Wiesengräser

Herbst

Bäume und Blumengehölze

Berberitze, Blasenstrauch, Blutpflaume, Buche, Eberesche, Eibe, Eschenahorn, Essigbaum, Fächerahorn, Federbuschstrauch, Felsenbirne, Feuerahorn, Feuerdorn, Hagebutte, Holunder, Kirschlorbeer, Kupferkirsche, Liguster, Mahonie, Rhododendron, Rizinus, Rotdorn, Sanddorn, Scheinmispel, Schlangenhautahorn, Schlehe, Schlitzahorn, Schneeball, Schönfrucht, Spitzahorn, Weißdorn, Wildrose

Blumen, Gräser und andere Pflanzen

Artischocke, Astilbe, Binsen, Bougainvillea, Brokkoli, Chrysantheme, Dahlie, Edeldistel, Eisenhut, Elfenblume, Erika, Frauenfarn, Frauenmantel, Gerbera, Gladiole, Glattblattaster, Grünkohlblätter, Japananemone, Kissenaster, Kohlrabiblätter, Krötenlilie, Kugeldistel, Lampionblume, Maiskolben und -blätter, Meerlavendel, Meerrettichblätter, Muschelblume, Myrtenaster, Nelke, Prachtscharte, Purpurgünsel, Rauhblattaster, Rohrkolben, Rose, Sanseveriablätter, Schilfgras, Schwertlilie, Silberährengras, Silberkerze, Silberling, Sonnenhut, Spitzahorn, Straußfarn, Zierkohl, Zierkürbis

Winter

Bäume und Blumengehölze

Berberitze, Besenheide, Buchsbaum, Eberesche, Edeltanne, Eibe, Eukalyptus, Feuerdorn, Fichte, Föhre, Douglasie, Immergrün, Kanadische Hemlockstanne, Kiefer, Kirschlorbeer, Koreatanne, Korkenzieherhasel, Lärche, Lebensbaum, Liguster, Mahonie, Sanddorn, Schlehe, Schneeball, Schneebeere, Schönfrucht, Spindelstrauch, Stechpalme, Wacholder, Weißtanne, Winterheide, Zaubernuß, Zierbelkiefer, Zypresse

Blumen, Gräser und andere Pflanzen

Alpenveilchen, Amaryllis, Anthurie, Bovatia, Christrose, Chrysantheme, Dattel, Edelgarbe, Euphorbie, Federgras, Feige, Granatapfel, Gerbera, Hasenschwanzgras, Lampionblume, Lilie, Mimose, Nerine, Orchidee, Protea, Rohrkolben, Rose, Silberling, Weihnachtsstern

Register

Halbfette Seitenzahlen verweisen auf eine ausführliche Erläuterung des Begriffs, *kursive* auf Abbildungen.

Wichtige Adressen

Sogetsu-Zentrale

Sogetsu-School
2-21, Akasaka 7-chome,
Minato-ku
Tokyo 107, Japan
Tel. 03-4 08-11 26

Zweigstellen Deutschland

Sogetsu-Branch Berlin
Frau Kayoko Suzuki Krüger
Marburger Straße 3
10789 Berlin
Tel. 0 30-2 11 77 03.

Sogetsu-Branch Frankfurt
Frau Jutta Wirth
Helpertseestraße 6
63165 Mühlheim/Main 3
Tel. 0 61 08-6 67 30

Sogetsu-Branch Köln
Herr Hans Faber
Hufelandstraße 68
51061 Köln
Tel. 02 21-66 24 76

Hakuho Sogetsu-Study-Group Berlin
Frau Marianne Pucks
Jägerndorfer Zeile 29
12205 Berlin
Tel. 0 30-8 11-70 73

Sogetsu-Study-Group Biberach/Riss
Frau Marianne Sikora-Schoeck
Weingartenbergstraße 19
88400 Biberach
Tel. 0 73 51-7 20 18

Sogetsu-Study-Group Ingelheim-Rhein/Main
Frau Hidemi Gedig
Magdeburger Straße 70
55218 Ingelheim
Tel. 0 61 32-8 60 78

Kontaktstellen Österreich

Frau Sachiko Schmid
Jägerstraße 41/26
A-1200 Wien
Tel. 01-3 30 59 80

Studio Galerie
Doris Wolf
Hardtgasse 7
A-1190 Wien
Tel. 01-36 45 77

Zweigstellen Schweiz

Sogetsu-Branch Genève
Frau Florence Conne-Fayet
„La Dullive" res. D.
CH-1196 Gland/VD
Tel. 0 22-3 64 33 59

Sogetsu-Study-Group Basel
Frau Antonie Reed
Spalenring 154
CH-4055 Basel
Tel. 0 61-301-46 61

Sogetsu-Study-Group Zürich
Frau Helene Rosewich
Schulhausstraße 10
CH-5605 Dottikon

Bezugsquellen für Ikebana-Zubehör

(Vertrieb weltweit:)
Sogetsu Shuppan Inc.
Aoyama Flower Bldg.
1-1-4, Shibuya-ku
Tokyo 150, Japan

(Vertrieb weltweit:)
Sogetsu School
2-21, Akasaka 7-chome,
Minato-ku
Tokyo 107, Japan

(Vertrieb Deutschland:)
Fuji Hana Ikebana Zubehör
Vertriebs-GmbH
Kessenicher Straße 170
53129 Bonn
Tel. 02 28-23 90 04

Ikebana-Zubehör können Sie neben den genannten Bezugsquellen auch über die Ikebana-Schulen beziehen.

Auskunft erteilt Ihnen auch die Autorin

Frau Erika Schwalm
Ikebana-Schule-Sogetsu
Rhönstraße 79
60385 Frankfurt a. M.
Tel. 0 69-43 54 47
Fax. 0 69-43 99 97

Zum Thema Floristisches Gestalten sind im FALKEN Verlag bereits erschienen:
„Blumen liebevoll arrangieren“ (Nr. 1157)
„Duftsträuße und Potpourris“ (Nr. 1239)
„Trockenblumen – Gewürzsträuße, Gestecke, Kränze und Buketts“ (Nr. 0643)
„Dekorieren und Gestalten mit Naturmaterialien“ (Nr. 4748)

Meinen beiden Assistentinnen, Frau Karin Enders und Frau Elfriede Reichart, möchte ich für ihre Unterstützung meinen herzlichen Dank aussprechen. Ebenfalls bedanken möchte ich mich bei der Sogetsu-Schule in Tokio für die dort erhaltene Beratung in Fragen der Lehrtätigkeit und den intensiven Ikebana-Unterricht sowie bei den Mitarbeiterinnen des FALKEN Verlages, Frau Christiane Rückel und Frau Petra Zimmer, die mit viel Engagement zur Verwirklichung dieses Buches beigetragen haben, und der Photo-Illustration Ltd., London, für die fotografische Umsetzung.

ISBN 3 8068 4749 5

Umschlaggestaltung: Peter Udo Pinzer/Jürgen Szillat
Gestaltungskonzeption: Horst Bachmann
Nachauflagenredaktion: Heike Schulz
Gestaltung und Herstellung: Petra Zimmer
Titelbild: Photo-Illustration Ltd., London
Fotos: **Photo-Illustration Ltd.**, London, außer Seite 9 oben **HISTORIA-PHOTO**, **Ingrid Reck-Fremke**, Hamburg, und Seite 11 **Archiv für Kunstgeschichte**, Berlin
Japanische Tuschezeichnungen (Schriftzeichen): Yoshiko Ernst, Rodgau
Reinzeichnungen der Diagramme und Grafiken: Daniela Schneider, Frankfurt a.M.

Gesamtkonzeption: Falken-Verlag GmbH, D-65527 Niedernhausen/Ts.

817 2635 4453 62

Schautafel Stil-Diagramme

Grundstile

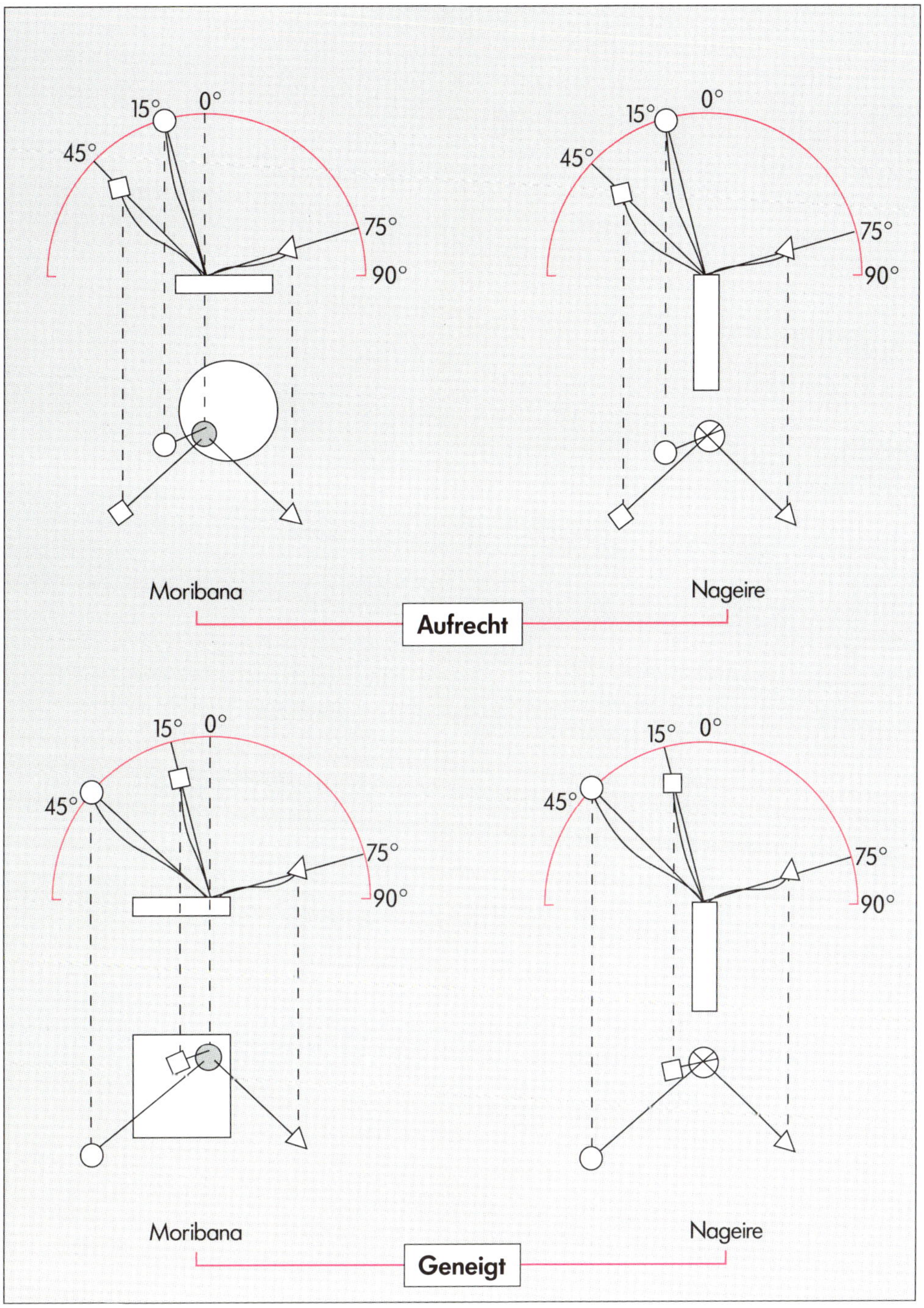

Schautafeln zum Heraustrennen

Variation 1

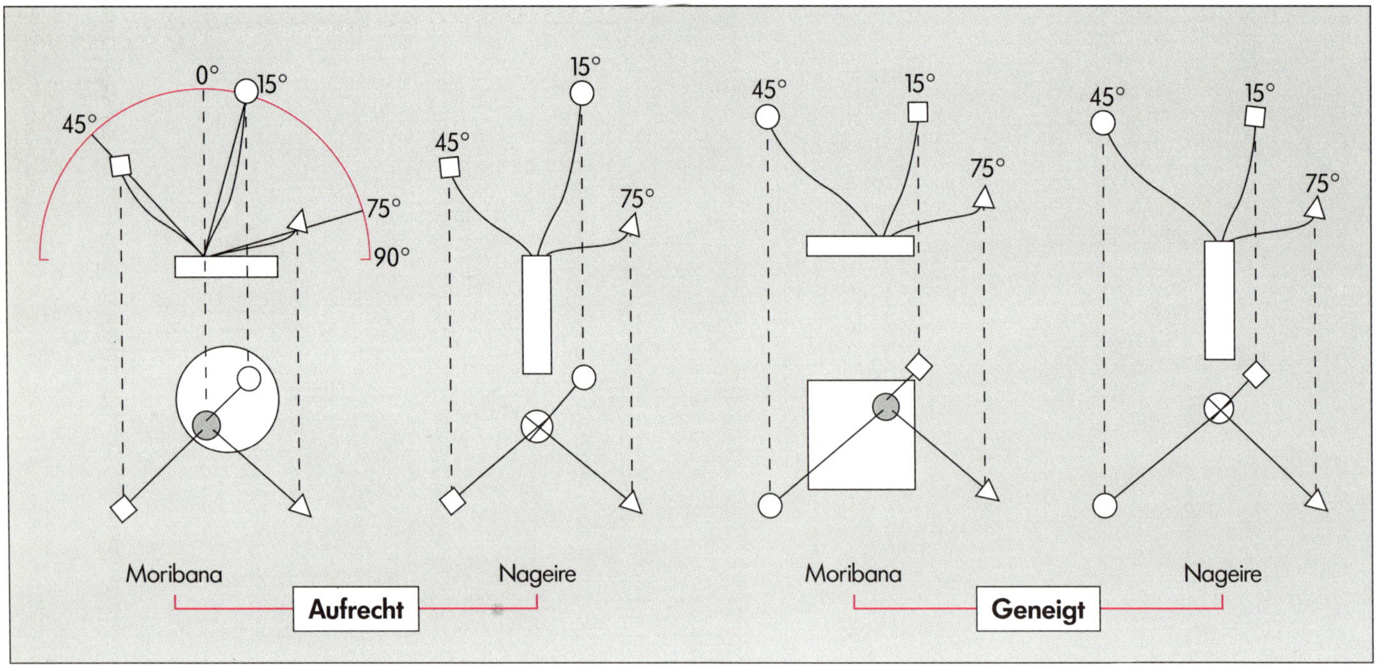

Variation 2

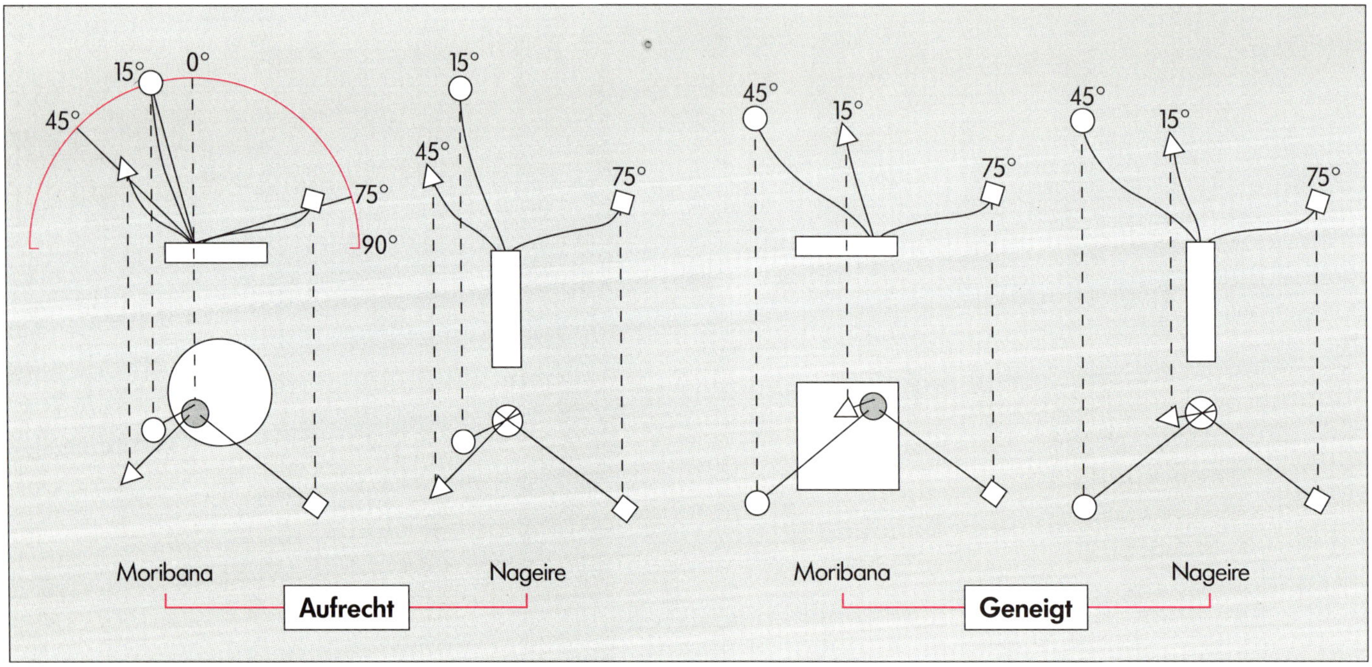

Variation 3

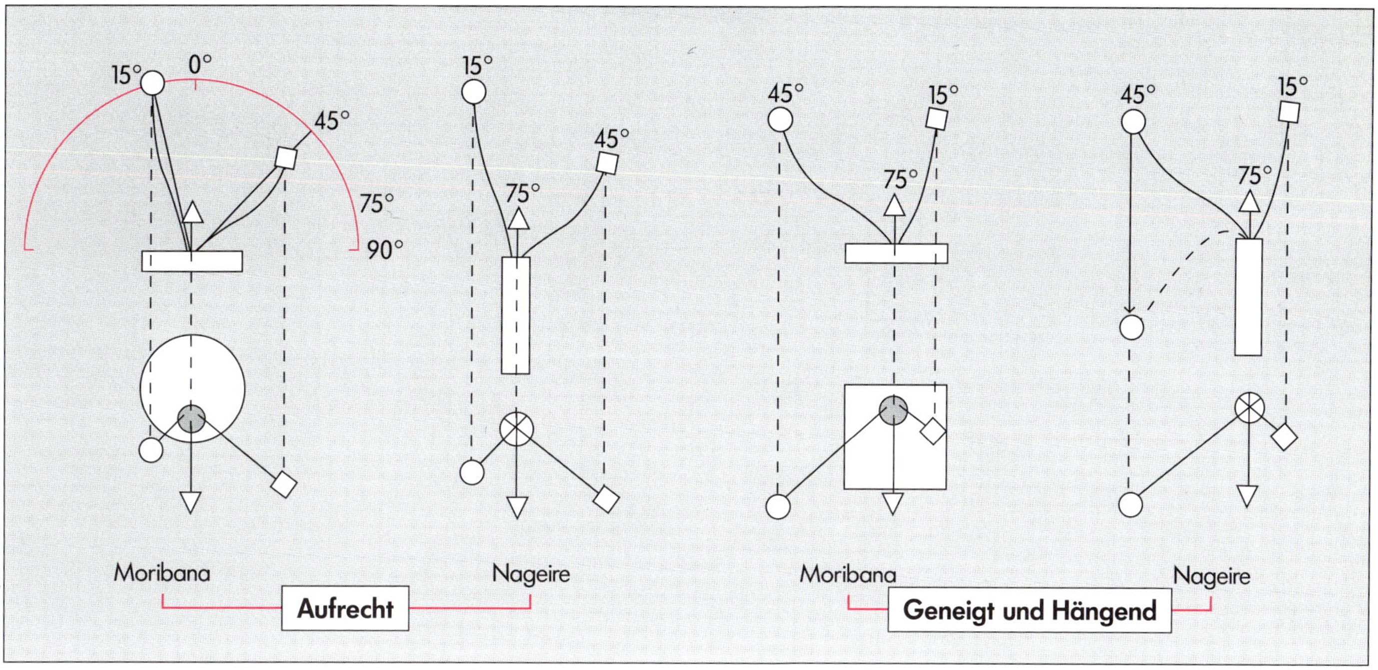

Variation 4

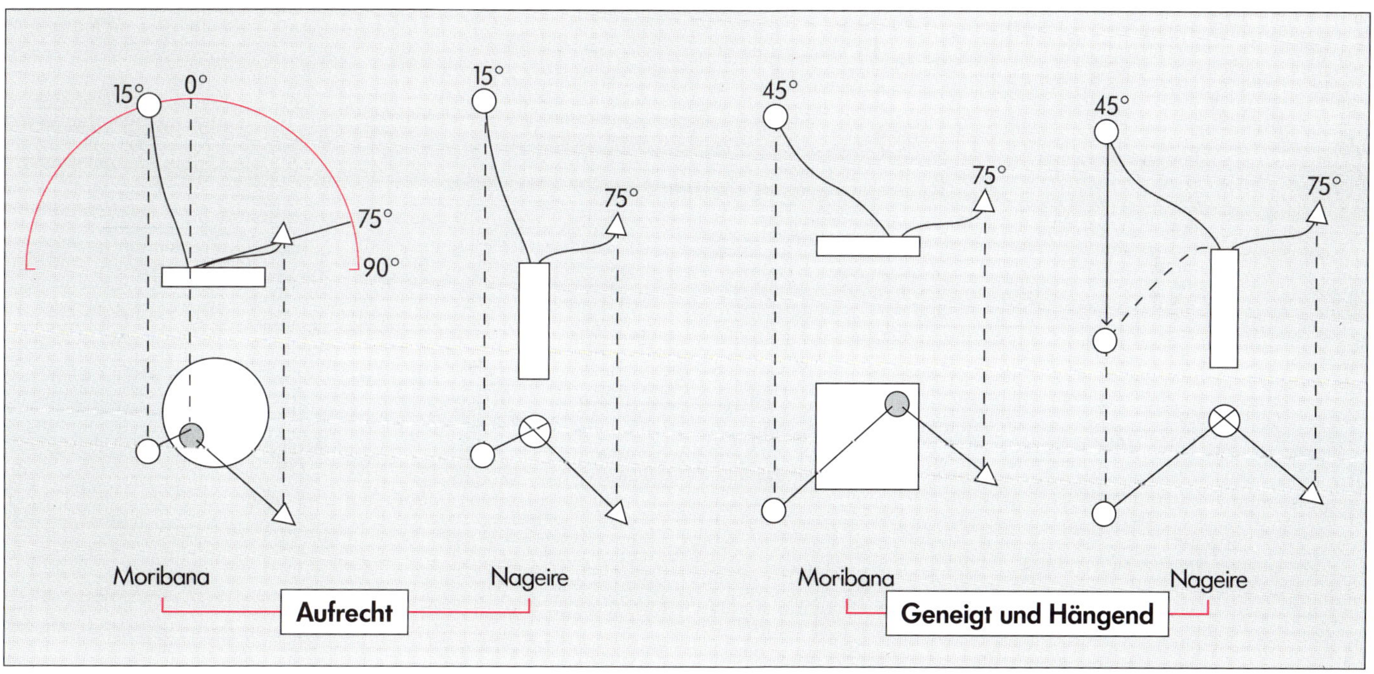

Variation 5

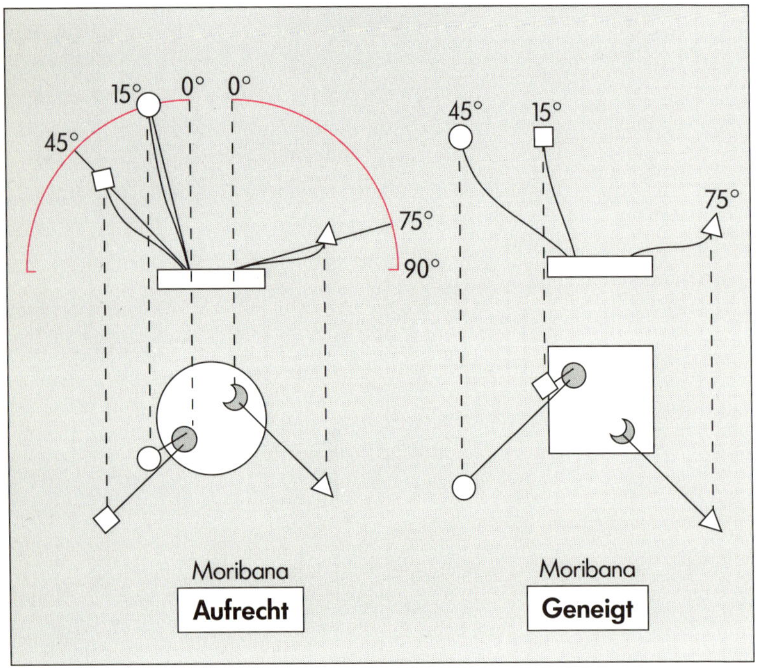

Variation 6

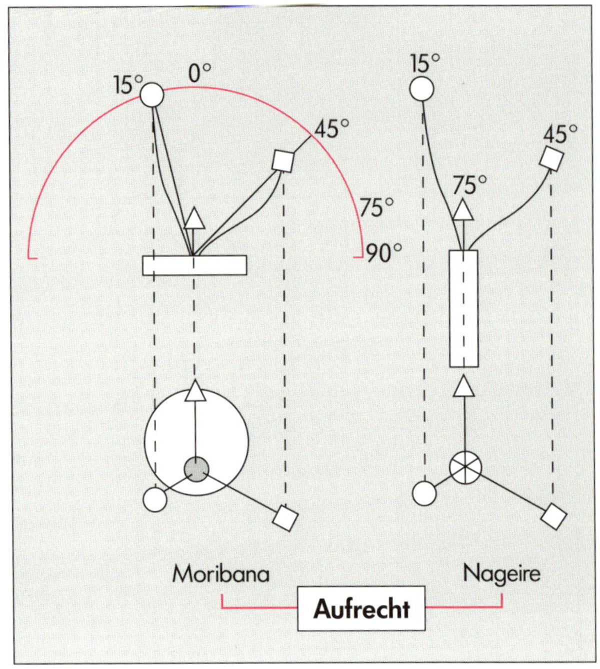

Variation 6

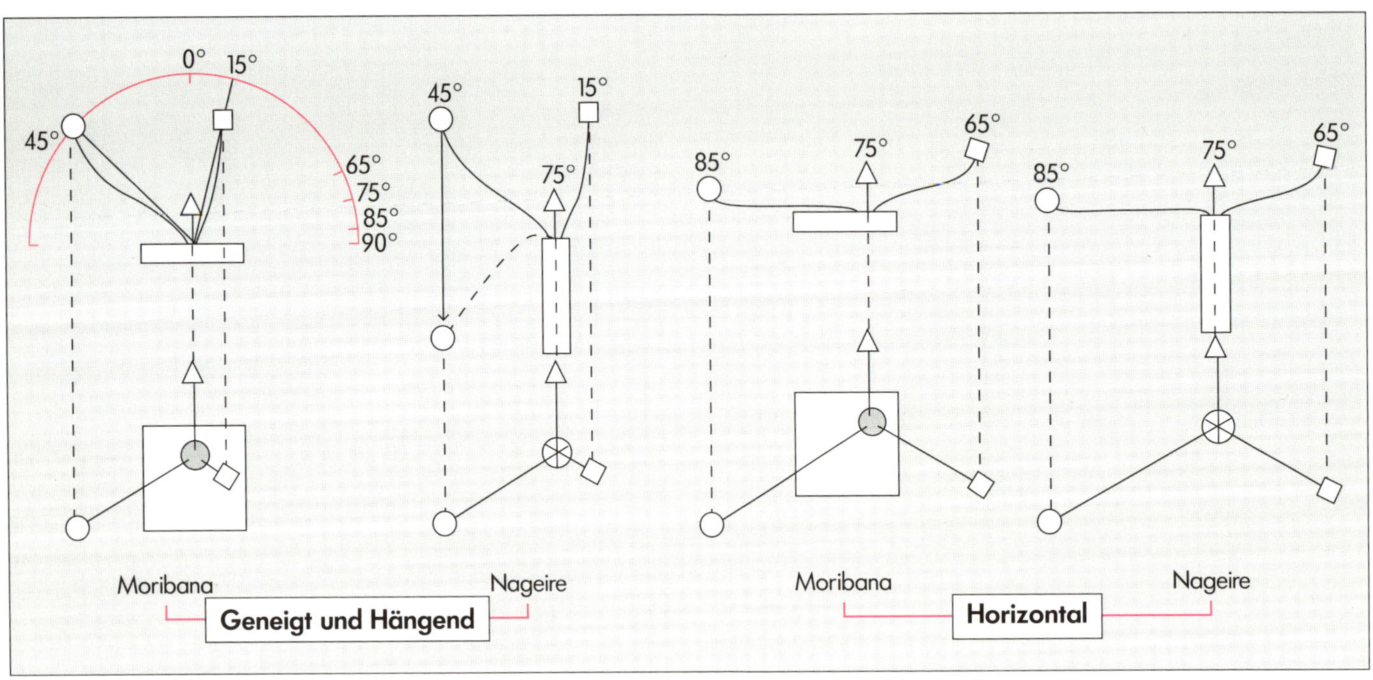